新时代
生态文明建设的理论与实践

郭秀清 著

时代出版传媒股份有限公司
安徽教育出版社

图书在版编目（CIP）数据

新时代生态文明建设的理论与实践／郭秀清著.—
合肥：安徽教育出版社，2022.10
ISBN 978-7-5336-9825-6

Ⅰ.①新… Ⅱ.①郭… Ⅲ.①生态环境建设－研究
－中国 Ⅳ.①X321.2

中国版本图书馆 CIP 数据核字（2022）第 180982 号

新时代生态文明建设的理论与实践
XINSHIDAI SHENGTAI WENMING JIANSHE DE LILUN YU SHIJIAN

出 版 人：费世平
策划编辑：文　乾
责任编辑：文　乾　赵佩娟
装帧设计：裴霖霖
责任印制：陈善军

出版发行：安徽教育出版社
地　　址：合肥市经开区繁华大道西路 398 号　邮编：230601
网　　址：http://www.ahep.com.cn
营销电话：(0551)63683012,63683013
排　　版：安徽时代华印出版服务有限责任公司
印　　刷：安徽联众印刷有限公司

开　　本：710 mm×1010 mm　1/16
印　　张：18
字　　数：182 千字
版　　次：2022 年 10 月第 1 版　2022 年 10 月第 1 次印刷
定　　价：58.00 元

目　录

导　论

党的十九届六中全会通过的《中共中央关于党的百年奋斗重大成就和历史经验的决议》全面总结了我们党成立以来在不同历史阶段所取得的伟大成就，并明确指出"坚持党的领导""坚持人民至上""坚持理论创新""坚持中国道路"等是中国共产党百年奋斗的重要历史经验。"坚持党的领导""坚持人民至上""坚持理论创新""坚持中国道路"从根本上说就是坚持中国特色社会主义。中国特色社会主义是当代中国发展进步的根本方向，是我们取得一切成就和进步的根本原因，必须长期坚持、不断发展。进入新时代，在建设现代化强国的征程上，我们党继续毫不动摇地坚持和发展中国特色社会主义，不断推进理论创新和实践创新，新时代生态文明建设就是新时代坚持和发展中国特色社会主义所取得的重大理论和实践创新成果。

党的十八大以来，在以习近平同志为核心的党中央领导下，我们党立足中国特色社会主义进入新时代的历史方位，把握经济发展新常态，推动经济高质量发展。党中央着眼于人民群众对美好生活的新期待，正确处理人与自然的关系，围绕"为什么建设生态文明""建设什么样的生态文明"
"怎样建设生态文明"等重大问题，提出了关于生态文明建设的基本内涵、
发展阶段、历史使命、战略地位、战略举措、实践意义等重大理论和实践
课题，将生态文明建设摆在我们党治国理政的重要位置。在理论和实践的
相互促进中，新时代生态文明建设呈现出崭新的时代面貌。

新时代生态文明建设是新时代社会主义现代化强国建设的重要组成部
分，它既以习近平新时代中国特色社会主义思想为指导，也有力地推动了
习近平新时代中国特色社会主义思想的发展。新时代生态文明建设以马克
思主义生态观为理论基础，同时以一系列重要理论和观点的创新推动马克
思主义生态思想的中国化，为建设美丽中国提供了理论遵循和行动指南，
深化了我们对人类社会发展规律、社会主义建设规律和党的执政规律的认
识，把中国特色社会主义推向新的发展境界。

确立习近平新时代中国特色社会主义思想的指导地位，这对党和国家
事业全局、对中华民族伟大复兴进程具有决定性意义。这也意味着，新时
代生态文明建设的理论与实践作为习近平新时代中国特色社会主义思想的
重要组成部分和重要内容，必然在建设美丽中国的过程中发挥着重要的理
论指导作用。本书正是基于此，力求通过三个方面（新时代生态文明建设
的理论和实践基础、新时代生态文明建设的理论遵循、新时代生态文明建
设的理论创新和实践价值）完成著述。总体而言，本书立足于生态文明建

设在实现中华民族伟大复兴和建设社会主义现代化强国中的重要地位和作用，从生态文明建设在中国特色社会主义建设事业"五位一体"总体布局和"四个全面"战略布局中的基础地位、优先地位出发，以党的十八大以来我国社会主义生态文明建设的重大战略举措为依托，以"绿水青山就是金山银山"的新发展观为核心，系统阐述新时代生态文明建设的全景全貌，以此体现中国特色社会主义新时代创新发展的重要内容。

为研究阐释新时代生态文明建设的理论与实践，本书致力于在学理基础、理论体系、逻辑起点和方法论等方面进行深入研究，以提炼出有学理性的新理论、概括出有规律性的新实践。本书以十八大以来党和国家推进生态文明建设新思想、新理念、新战略为依据，概括总结新时代生态文明建设的主要理论遵循，梳理其形成过程，研究其理论基础和理论创新；在此基础上，深入阐释新时代生态文明建设的重大理论创新和实践创新，总结和归纳新时代生态文明建设思想对马克思主义生态思想的继承和发展、对中国特色社会主义理论与实践的创新发展的重大价值。

本书共分为五章。第一章分析新时代生态文明建设的理论和实践基础。任何新的理论都不是凭空产生的，新时代生态文明思想的产生不仅源于我们党长期以来对马克思主义的坚持和发展，尤其是对马克思、恩格斯生态思想精髓的深入理解和把握，更源于我们党对新时代生态环境保护问题的深刻洞察和高度的历史自觉。马克思、恩格斯的人与自然关系辩证思想、实践是人的存在方式思想、自然辩证法思想等是新时代生态文明思想形成的重要理论基础和方法论基础。新时代生态文明思想也是对我国传统生态文化、智慧进行创造性转化和创新性发展的结果。我国优秀传统文化中的"天人合一""道法自然"等思想为新时代生态文明建设提供了丰厚的精神滋养。同时，我国传统文化中的生态智慧也被赋予了更鲜明的时代意义。此外，新中国成立以来，党和国家历代领导人都很重视环境保护工作，在实践中不断深化对生态环境保护的地位和作用的认识。党的十八大以来，党中央从国家战略的高度统筹推进新时代生态文明建设，将其作为治国理政的优先领域。几代领导人始终带领人民群众在生态文明建设中进行不懈探索和艰辛实践，这为新时代生态文明建设的深入推进奠定了坚实的实践基础。

第二章概括总结新时代生态文明建设的理论遵循。党的十八大以来，我们党在生态文明建设领域的理论和实践创新成果丰硕。2018年5月召开的全国生态环境保护大会，提出了新时代以来我们党关于生态文明建设的一系列重要新思想、新论断，可以概括为生态历史观、生态自然观、生态民生观、绿色发展观、系统治理观、生态法治观以及生态共治观等。这些构成新时代生态文明建设重要理论遵循的重大论断，不但实现了生态文明建设理论层面的体系性创新，而且全面、系统、深刻地回答了当代中国和世界生态文明建设发展面临的一系列重大现实问题，既从整体上构成新时代生态文明建设的理论指导，也成为习近平新时代中国特色社会主义思想不可或缺的重要组成部分。依据这些重要论断，本书进行了深入系统的理论概括，使关于新时代生态文明建设的理论更加系统化、条理化、理论化。

第三章探讨新时代生态文明建设的重大理论创新。新时代生态文明建设实现了理论上的重大突破和创新，其意义是多维的。首先，新时代生态文明建设理论体现了生态文明思想的与时俱进、创新发展。马克思、恩格斯对生态环境保护、人与自然的关系有着那个时代的认识，他们从唯物主义的历史观和辩证唯物主义的立场出发，阐明了关于生态文明建设的基本原理和基本观点。新时代生态文明建设以当代生态环境问题为着眼点，坚持运用马克思主义的立场观点和基本原理，提出了处理人与自然的关系和解决当代生态环境问题的新思想、新理论、新观点，继承和发展了马克思主义的生态思想。其次，新时代生态文明建设是习近平新时代中国特色社会主义思想的重要组成部分。可以说，新时代生态文明建设理论与新时代经济理论、外交理论、法治理论以及国家总体发展战略相互交融，并在这些思想理论与发展战略中得到体现和实现。所以说，新时代生态文明建设理论深刻融合并体现在习近平新时代中国特色社会主义思想之中。新时代生态文明建设的这一特点，是由生态环境在社会主义现代化建设全局中的基础性地位决定的。无论是经济建设、政治建设、文化建设、社会建设，都与生态环境有着密不可分的联系。一方面，每个领域的建设都包含着生态环境方面的要素；另一方面，生态文明建设的要求和价值目标也必须通过其他领域的建设来实现。因此，新时代生态文明建设必然是习近平新时代中国特色社会主义思想的重要组成部分。最后，新时代生态文明建设坚持理论与实践的紧密结合。理论与实践相互促进，这是新时代生态文明建设的重要特征。实践中，我们在马克思主义生态思想的指导下走出了一条中国特色社会主义生态文明发展道路。社会主义生态文明发展道路作为中国道路的重要组成部分，既把成功的实践上升为理论，又以正确的理论指导新的实践，从而创新发展中国特色社会主义理论、道路、制度和文化。比如，新时代生态文明建设把建设美丽中国作为社会主义现代化强国的重要目标之一，这一新的观点、新的战略丰富了中国特色社会主义的内涵；又如，新时代我们走出了一条中国特色社会主义生态文明发展道路，新时代生态文明建设不但丰富了中国道路的内涵，而且使中国道路越走越开阔，越走越充满生机活力；再如，新时代生态文明建设特别强调要依靠最严格的制度和最严密的法治，从而完善了中国特色社会主义制度，提升了中国治理体系和治理能力的现代化水平。

第四章明确新时代生态文明建设的实践路径。新时代生态文明建设的重大转变就是不再仅仅是"头痛医头，脚痛医脚"，而是从经济、政治、文化、社会建设各领域入手，系统推进生态文明建设。十八大以来，我们党不断加强对生态文明建设的顶层设计，从国家战略的高度把握生态文明建设，将其纳入"五位一体"总体布局和"四个全面"战略布局。第一，把生态文明建设融入经济建设，实现高质量发展。过去，生态环境保护上出现的诸多问题的根本原因在于不合理的生产方式，新时代生态文明建设的着力点就是以新发展理念为引领，实现经济的高质量发展。其中，绿色发展是高质量发展的重要维度。绿色发展就是实现经济发展和生态环境保护相协调，通过转变经济增长方式和发展模式，达到节约资源能源、保护生态环境和减少环境污染的目的。第二，把生态文明建设融入政治建设，形成以生态环境保护为核心的新的体制机制。在我们国家的经济发展中，地方各级党委政府的主动性、积极性起着关键作用。因此，地方党政领导的政绩观对生态文明建设影响重大。把生态文明建设融入政治建设，首先，要改变"唯GDP（国内生产总值）论英雄"的传统考核评价体系，把体现生态文明建设要求的各项指标，如资源消耗、环境损害、生态效益等纳入经济社会发展评价体系，从根本上改变评价标准。其次，要建立健全生态环境治理制度体系，实现生态环境治理现代化。第三，把生态文明融入文化建设，培育社会主义生态文明观。文化是一个社会最深沉、最持久的精神力量，只有人们在心中真正树立起强烈的生态环境保护意识，树立起保护自然、尊重自然、顺应自然的生态文明观念，生态文明建设才能获得持久的内在动力。把生态文明融入文化建设，不仅要加强生态文明教育，还要将生态文明与弘扬社会主义核心价值观结合起来，在社会主义核心价值观内容方面体现生态这一维度。第四，把生态文明融入社会建设，满足人民对美好生活的向往。生态文明建设将惠及每一个人，生态文明建设也要依靠每一个人。要从满足人民美好生活需要的角度大力推进生态文明建设，为百姓提供更多优质的公共生态产品。同时，要充分调动全社会的力量，着力构建党委政府主导、全社会共同努力、全民参与的环境治理现代化格局。

第五章总结新时代生态文明建设的实践价值。习近平生态文明思想是指引美丽中国建设的理论遵循和行动指南。正是在这一科学理论的指引下，我国生态文明建设才实现了历史性转折，发生了根本性变化。党的十八大以来，我国生态文明建设从观念到行动、从理论到实践都有了全面系统的进展：牢固树立了"绿水青山就是金山银山"的新发展理念，全社会绿色发展的积极性主动性大大增强；不断完善了生态文明制度体系，建立了独具特色的主体功能区制度，划定并实施生态红线，为生态环境的恢复提供坚实保障；实施了一系列生态保护与建设重大工程；积极建设自然保护区，探索建立国家公园制度，加强生物多样性保护。在经济发展方面，坚定不移走绿色、低碳、循环的发展道路，经济结构进一步得到调整优化，环境保护和经济高质量发展协同推进；绿色生活方式逐渐成为时代潮流，全社会绿色消费意识不断提高。与此同时，我国倡导并积极推动人类命运共同体建设，打造绿色发展的"一带一路"，积极参与和引导全球气候治理，进一步深度参与全球生态文明建设。

第一章 新时代生态文明建设的理论和实践基础

新时代生态文明建设有着深厚的实践基础和理论渊源，既有对马克思主义生态观的继承和发扬，也有对中华优秀传统文化中的生态思想进行的创造性转化和创新性发展；既有对西方可持续发展思想的借鉴和发展，也内含着新中国成立以来我国生态文明建设的成就和经验。因此，新时代生态文明建设思想是马克思主义基本原理同中国生态环境问题和生态文明建设实践相结合的产物，是马克思主义生态思想中国化的最新理论成果。

一、马克思主义生态观

十八大以来，我们党就生态文明建设提出一系列重大科学论断，比如"绿水青山就是金山银山""生态也是生产力""要像保护眼睛一样保护生态环境，要像对待生命一样对待生态环境""保护生态环境就是保护生产力，改善生态环境就是发展生产力"等。这些重要论述看似通俗易懂，实则有着深厚的理论基础和理论渊源。这种理论渊源最主要来自马克思和恩格斯基于唯物史观和辩证法所得出的关于人与自然关系的一些基本原理，比如，人是自然的一部分、人化自然、对象性活动等。正是以这些基本原理为理论指导和方法论指导，观察和分析中国生态问题，才形成了新时代生态文明建设的理论，推动了新时代生态文明建设。

（一）辩证的自然观

在纪念马克思诞辰 200 周年大会上的讲话中，习近平指出："学习马克思，就要学习和实践马克思主义关于人与自然关系的思想。"[①] 人与自然关系的思想，是马克思唯物史观的重要内容。提起马克思的唯物史观，不少人仍然存在一个认识误区，即认为马克思的唯物史观就是唯生产力论，发展生产力就是要征服自然。其实，这是对马克思唯物史观的误读。马克思唯物史观闪耀着生态文明思想的灿烂光辉，其中包含着对人与自然关系的科学认知、对自然规律的科学把握，包含着深刻的自然辩证法思想。正本清源，深入学习马克思的唯物史观，我们就可以发现其中所包含的深刻而系统的生态思想。

马克思唯物史观含有对人与自然关系的科学认识。马克思唯物史观认为，人类社会生活在本质上是实践的，人的实践活动离不开自然，实践就是人的对象性活动，就是人把自身的力量投射到自然中的过程。在这一过程中，形成人与自然的辩证关系。这是辩证的、实践的、历史的、科学的自然观，其核心是辩证的自然观，即对人与自然相互作用、相互影响的辩证认识。在人类历史上，如何看待人与自然的关系，这是一个与时代发展

[①] 习近平：《在纪念马克思诞辰 200 周年大会上的讲话》，《光明日报》2018 年 5 月 5 日，第 2 版。

相关且与不同理论思潮有关的话题。无论是西方工业时代的"人类中心主义"还是后现代的"生态中心主义",都存在着对人与自然关系认识的局限性和片面性,因而都不能正确反映人与自然的关系。与这些思想观念完全不同的是,马克思把实践这一要素纳入人与自然关系之中,通过实践这一中介,人与自然的辩证关系得以真实而客观地表现。

马克思认为人与自然的辩证关系表现为:自然不是与人无关的自然,自然是人类存在的基础。恩格斯承认自然界先于人类社会存在而存在,他明确地指出"自然界是不依赖任何哲学而存在的,它是我们人类(本身就是自然界的产物)赖以生长的基础"。① 因此,自然总是会留下人类活动的印记。随着人类实践能力的不断提升,自然被打上越来越多人类活动的印记,也就越来越成为人化的自然,而不存在与人类无关的"自然";人类的历史不仅仅是人类自身变化的历史,也是伴随着自然变化的历史。自然界的状况影响人类社会或人类文明的性质和发展。人类社会的不断发展变化,比如人类社会形态的更替,也必然带来自然界的巨大变化。所以,人与自然的关系是辩证的,并在辩证发展的过程中不断走向统一。

人与自然的"统一"靠实践或者劳动来实现。马克思指出,劳动是人和自然之间的物质变换过程。"物质变换"过程就是人把自身的力量运用于

---

① [德]卡尔·马克思,[德]弗里德里希·恩格斯:《马克思恩格斯选集》(第四卷),中共中央马克思恩格斯列宁斯大林著作编译局编译,人民出版社1995年版,第222页。

自然并改变自然的过程。这一过程，一时一刻也离不开自然环境。"没有自然界，没有感性的外部世界，工人什么也不能创造。自然界是工人的劳动得以实现、工人的劳动在其中活动、工人的劳动从中生产出和借以生产出自己的产品的材料。"① 这说明，人的劳动要以自然界的存在与发展为前提条件，自然界具有先在性。

通过对劳动过程的揭示，马克思说明了自然的客观实在性以及相对于人的先在性，即自然是先于而且是不依赖于人类而存在的。人是自然界长期演化的结果，人的存在离不开自然。但人又不同于自然界普通的动植物，人会进行有目的有意识改造自然的活动，这就是劳动。人通过劳动与自然发生关系，在这个过程中，实现人与自然的分化与对立，但也是在这个过程中，实现人与自然的和谐统一。在这里，马克思科学地说明了人与自然的关系，创立了将辩证唯物主义与历史唯物主义结合在一起的科学的自然观。新时代生态文明思想，正是在承认世界是相互联系的统一整体这一自然辩证法的理论基础上展开的，并重点指出了人与自然的辩证统一关系，比如，习近平指出"人因自然而生，人与自然是一种共生关系"，② "当人类合理利用、友好保护自然时，自然的回报常常是慷慨的；当人类无序开

---

① ［德］卡尔·马克思，［德］弗里德里希·恩格斯：《马克思恩格斯文集》（第一卷），中共中央马克思恩格斯列宁斯大林著作编译局编译，人民出版社 2009 年版，第 158 页。
② 中共中央文献研究室：《习近平关于社会主义生态文明建设论述摘编》，中央文献出版社 2017 年版，第 11 页。

发、粗暴掠夺自然时，自然的惩罚必然是无情的。人类对大自然的伤害最终会伤及人类自身，这是无法抗拒的规律"。[①] 这些重要论述，既肯定人与自然的内在同一性，又反对将人消解和湮灭在自然中；既尊重人的主体地位，又反对将人凌驾于自然之上；既是对人与自然辩证统一关系的科学认知，又是对如何实现人与自然辩证统一关系的科学指导。

（二）生态政治观

马克思认为，生态环境问题不仅仅是一个自然问题，而且是一个人与人、人与社会关系的问题。因此，它与社会政治制度和生产方式紧密联系在一起，是政治问题和社会问题。马克思明确指出了在他生活的那个时代，也就是资本主义时代，生态环境的诸多问题产生的根源在于资本主义私有制，在于资产阶级的统治。只有消灭资本主义私有制，消灭资产阶级的统治，改变社会政治制度，才能真正解决生态环境问题。

马克思认为，虽然在实践过程中看似形成的是单个人与自然之间简单直接的关系，但实际上，人与自然之间的关系受人与人之间关系的影响和支配，而人与人之间关系就是一个社会的政治制度所决定和规定的关系。正是从这个意义上，马克思认为环境问题也是政治问题，即要理解一个时代的人与自然的关系，要认识一个时代的生态环境问题，就必须理解这个时代的社会政治关系、人与人之间的关系。据此，马克思以资本主义社会

---

① 习近平：《论坚持人与自然和谐共生》，中央文献出版社 2022 年版，第 9 页。

为例，从多个角度分析了资本主义私有制下的生产方式和分配方式对自然的剥夺和伤害：一方面，在资本主义制度下，资本家占有生产资料，无产阶级以出卖劳动力为生，资本主义的生产是为了资本增殖，是为了资本家获取更多的剩余价值。在剩余价值实现的过程中，无产阶级的劳动必须和自然物质相结合，生产劳动越多，对自然占有利用就越多。另一方面，从资本主义的消费上的矛盾，也就是生产无限扩大的趋势和劳动人民购买力相对缩小的矛盾来看，当经济危机爆发时，人们的购买力急剧下降，相对生产过剩就会发生，例如农场主倾倒牛奶等现象就不可避免，从而造成对自然资源的极度浪费和对自然环境的极大破坏。还有，就资本主义生产过程中的矛盾，即个别企业生产的有组织性和整个社会生产的无政府状态的矛盾来看，资本主义社会生产缺乏宏观调控，资本家出于追求利润的目的进行盲目、贪婪的无限生产，也必然造成对自然资源的过度利用和浪费。因此，资本主义私有制以及在这种制度基础上的生产方式成为浪费自然资源、破坏生态环境的根本原因。不消灭资本主义的私有制，不改变人剥削人的关系，资本主义制度下的生态危机就不会从根本上得到解决，人与自然的和谐就是一句空话。只有消灭资本主义制度，建立以公有制为基础的社会主义制度，真正实现人与人之间的平等，才能真正实现人与自然的和谐，才能把人与自然的真正关系交还给人与自然。因此，在马克思看来，如果要真正解决生态环境问题，就必须从根本上消灭资本主义制度。

另外，马克思要求人们要认识到人类社会的各种政治现象对生态环境可能造成的破坏。生态环境问题和政治决策密切相关，任何不当的重大政治决策，都会给自然带来重大影响。从根本上讲，人类社会与生态环境是休戚与共的共同体，以盲目的政治热情幻想改变自然规律、随意征服自然的做法是极端天真、幼稚且错误的。近年来频繁发生的自然灾害和重大生态环境问题一再说明了马克思这一观点的正确性。当今各种自然灾害的背后，都有人类对自然不友好的深层次的政治原因。北极冰雪的消融，许多国家频繁遭遇极端高温、极端低温天气以及暴雨暴雪等，都与人类不科学不正确的生产生活方式有直接或间接的关系。因此，生态环境问题绝不是和政治无关的，而是和政治紧密相关的。生态环境问题本身就是重大的政治问题，我们只有将生态问题置于合理的社会制度和正确的政治决策之下，才能自觉从政治的高度保护好生态环境。

我国作为社会主义国家，社会主义的国家性质、以人民为中心的价值追求与生态文明的内在要求是相契合的。这为生态环境问题的解决提供了根本的前提。"生态环境是关系党的使命宗旨的重大政治问题，也是关系民生的重大社会问题。"[①] "人民对美好生活的向往是我们党的奋斗目标，解决人民最关心最直接最现实的利益问题是执政党使命所在。人心是最大的政治。我们要积极回应人民群众所想、所盼、所急，大力推进生态文明建

---

① 习近平：《论坚持人与自然和谐共生》，中央文献出版社 2022 年版，第 8 页。

设，提供更多优质生态产品，不断满足人民日益增长的优美生态环境需要。"① 这些重要论述是我们对生态环境问题性质的新认识，表明了我们党解决生态环境问题的坚定政治决心，从而继承和发展了马克思的生态政治观。

（三）绿色发展观

绿色发展是我们党提出的新发展理念的重要组成部分。马克思当年虽然没有直接提出"绿色发展观"这一词语，但他的一些重要著作体现了绿色发展思想。马克思绿色发展观的基本观点就是在尊重自然环境和善待自然环境的基础上达到可持续发展。这在他的《资本论》一书中得到很好的体现。马克思指出："从一个较高级的经济的社会形态的角度来看，个别人对土地的私有权，和一个人对另一个人的私有权一样，是十分荒谬的。甚至整个社会、一个民族，以及一切同时存在的社会加在一起，都不是土地的所有者。他们只是土地的占有者，土地的受益者，并且他们应当作为好家长把经过改良的土地传给后代。"② "把经过改良的土地传给后代"，这种资源的代际传递和使用方式鲜明地体现了可持续发展思想。马克思明确指出，土地这种资源并不是完全属于哪一个人、哪一个社会、哪一个民族的，作为土地的"占有者"而不是"所有者"，我们有义务把"经过改良的土

---

① 习近平：《论坚持人与自然和谐共生》，中央文献出版社 2022 年版，第 8 页。
② ［德］卡尔·马克思，［德］弗里德里希·恩格斯：《马克思恩格斯全集》（第四十六卷），中共中央马克思恩格斯列宁斯大林著作编译局编译，人民出版社 2003 年版，第 878 页。

地"传给后代子孙。这里，马克思至少表达了可持续发展两个层面的意思：
一是社会层面，我们既要满足这一代人的发展，也要顾及子孙后代的发展；
二是自然环境层面，土地等自然资源应该以越来越优良的品质传递下去，
而不是变得越来越坏。马克思进一步说明了这个问题，他认为不考虑可持
续发展的劳动是有害的劳动。马克思指出："劳动本身，不仅在目前的条件
下，而且就其一般目的仅仅在于增加财富而言，在我看来是有害的，招致
灾难的。"① 马克思这一思想是十分深刻的，他认为只追求物质利益而不顾
环境的可持续利用是错误的。同样在《资本论》中，马克思从物质变换这
一视角揭示了资本主义生产方式对可持续发展的危害以及它造成的城乡之
间的分裂和对立。他认为，在资本主义生产方式下，人口大多集中在城市，
生产也集中在城市，这样就使"以衣食形式消费掉的土地的组成部分不能
回到土地，从而破坏土地持久肥力的永恒的自然条件。这样，它同时就破
坏城市工人的身体健康和农村工人的精神生活。"② 这里，马克思指出了大
工业发展造成的物质循环的中断对农业发展的影响，而要实现所谓的物质
循环就是不要一味剥夺自然，要在利用自然的同时，弥补和回馈自然。

马克思同时分析了资本主义生产方式对可持续发展造成危害的原因，

① ［德］卡尔·马克思，［德］弗里德里希·恩格斯：《马克思恩格斯文集》（第一卷），中共中央
马克思恩格斯列宁斯大林著作编译局编译，人民出版社 2009 年版，第 123 页。
② ［德］卡尔·马克思：《资本论》（第一卷），中共中央马克思恩格斯列宁斯大林著作编译局编
译，人民出版社 1975 年版，第 552 页。

这一原因同样指向资本主义私有制：资本主义为了实现价值增值，必须实现生产资料的物质流动，在人们从农村走向城市的过程中，生产资料也从乡村集中到了城市、工厂，但这种集中和流动的目的是为了获取剩余价值，而不是为了满足人的真正需要。这种增加了的价值仍然依托自然资源并由工人来创造，却不属于工人，而成为资本家的私有财物；但物质变换带来的环境破坏和资源枯竭等问题，却难以得到解决，最终破坏自然环境，同时也严重伤害着无产阶级的身心健康。

新时代，我们党提出要坚决贯彻包括绿色发展在内的新发展理念，坚持走绿色发展、可持续发展道路，既要关注当代人的发展，也不要破坏后代人发展的条件，不能吃祖宗饭、断子孙路。生态兴则文明兴、生态衰则文明衰，我们要从实现中华民族永续发展的高度，走出一条生态良好、人民幸福、人与自然和谐的现代化新道路。这些重要思想，都继承和发展了马克思的绿色发展观。

（四）生态权益观

马克思主义是关于无产阶级和人类解放的学说，人的自由而全面发展的观点体现了马克思主义的核心命题和根本价值诉求。马克思将人的自由而全面发展看作是人的各种权益实现的过程。生态权益作为人权的重要内容，是直接影响人以及人类社会生存与发展的带有基础性和根本性的权益，对于实现人的自由和全面发展有决定性影响。马克思和恩格斯将人与自然的关系以及人与社会的关系作为人类面对的两大关系以及研究的两大视域，将美好生活与生态权益紧密关联，集中体现了马克思主义的生态权益观。

把人民的美好生活和生态权益相结合，这一点在马克思和恩格斯的著作中都有明确体现。马克思对人的解放、人的权益的关注始于他在《莱茵报》工作的时期，这个时期他接触到了需要他发表意见进而影响他世界观转变的"现实的物质利益"问题。这些"现实的物质利益"问题首先就包括影响普鲁士民众生活的生态权益问题，这在马克思任《莱茵报》编辑期间写的《关于林木盗窃法的辩论》一文中得到了鲜明体现，马克思认为捡拾枯树枝是普鲁士民众天然的生态权益，不应该被剥夺，更不应该被认为是盗窃。恩格斯则在他18岁时发表的第一篇著作《伍珀河谷来信》中详细描绘了生活在伍珀河谷两岸的工人阶级的生活和生产环境。这两篇文章都体现了马克思和恩格斯对生态环境问题的认识，其核心观点就是生态权益是人民的基本的、根本的权益，是人民美好生活的重要组成部分。只有维护好人民的生态权益，才能推动人民美好生活的实现。

马克思和恩格斯认为，美好生活的实现就是各种权益实现的过程。生态权益是人的权益的重要组成部分，是构成美好生活的重要向度。所谓生态权益，就是人在与自然不可避免地发生关系的过程中对于生态环境的基本权利和行使这些权利所带来的各种获益。马克思认为，人类社会发展和人的生存发展，都与生态环境紧密联系，生态权益既是人的自然权益、社会权益，也是人的基础性权益和根本性权益，对人的生存发展和美好生活产生直接影响。马克思结合他那个时代无产阶级的生活状况，指出无产阶级生态权益被剥夺的基本事实，比如，捡拾枯树枝的权利，这本是生活在那片土地上的普鲁士民众最基本的权益，却被普鲁士政府剥夺了。这种生态不公正，是影响人民生存的重要问题，连基本生存都有问题，人民根本就无法过上美好生活。恩格斯则在《伍珀河谷来信》中用另外一个视角表达了同样的观点："伍珀河谷——这条狭窄的河流泛着红色波浪，时而急速时而缓慢地流过烟雾弥漫的工厂厂房和堆满棉纱的漂白工厂。然而它那鲜红的颜色并不是来自某个流血的战场——而是完全源于许多使用土耳其红颜料的染坊。"① "在低矮的房子里劳动，吸进的煤烟和灰尘多于氧气，而且大部分人从 6 岁起就在这样的环境下生活，这就剥夺了他们的全部精力和生活乐趣。单干的织工从早到晚蹲在自己家里，躬腰曲背地坐在织机旁，在炎热的火炉旁烤着自己的脊梁。"② 这样恶劣的生活和工作环境，严重损害着工人的身体健康，是工人的生态权益被剥夺的直观体现。生态权益被剥夺，经济权益、文化权益就更加难以得到保障。所有这些权益被剥夺的根本原因，就是资本主义私有制。

---

① ［德］卡尔·马克思，［德］弗里德里希·恩格斯：《马克思恩格斯全集》（第二卷），中共中央马克思恩格斯列宁斯大林著作编译局编译，人民出版社 2005 年版，第 39 页。

② ［德］卡尔·马克思，［德］弗里德里希·恩格斯：《马克思恩格斯全集》（第二卷），中共中央马克思恩格斯列宁斯大林著作编译局编译，人民出版社 2005 年版，第 44 页。

马克思认为，在资本主义制度下，"人的不解放"的重要表现就是无产阶级的各种权益被剥夺。经济权益方面，由于私有制的存在，工人创造的剩余价值被资产阶级无偿占有。政治权益方面，无产阶级在经济上的被剥夺决定了他们在政治上不可能享受真正的民主和自由。同样，无产阶级的生态权益、文化权益、社会权益也被严重剥夺，各种异化现象成为常态，大部分人不能自由地成长，而是受到各种关系的制约和束缚，离真正过上美好生活相去甚远。因此，马克思和恩格斯认为，实现人的解放、维护人民群众包括生态权益在内的各项权益、实现美好生活，最根本的途径就是推翻资本主义制度，解除因为资本主义私有制而强加给无产阶级和广大人民群众的束缚，建立自由人的联合体，彻底消除人与人之间、人与自然之间的社会矛盾和生态矛盾，建设人与人、人与自然和谐相处的美好新社会，使人民群众能够在自由人联合起来的美好社会中过上美好生活，实现自由而全面的发展。

我们党始终坚持以人民为中心的发展理念，不断满足人民群众对美好生活的向往。我们推进生态文明建设的根本价值追求也是以人民为中心，不断为人民提供更多优质生态产品，不断满足人民群众日益增长的优美生态环境需要，切实维护好、实现好、发展好人民群众的生态权益。这些都继承和发展了马克思主义的生态权益观。

二、中国传统文化中的生态思想

新时代生态文明建设不仅受到马克思主义生态观的启发，也离不开中华民族优秀传统文化的熏陶和滋养。中华民族优秀传统文化中包含着大量的生态智慧，是新时代生态文明建设的重要思想理论来源。"中华民族向来尊重自然、热爱自然，绵延 5000 多年的中华文明孕育着丰富的生态文化。"① 中华民族优秀传统文化中蕴藏着解决当代人类难题的重要启示，其中也包括关于人和自然关系的丰富思想，新时代生态文明建设理论正是中国传统生态智慧在当代中国的传承与发展。

（一）"天人合一"思想

中华传统文化丰富多彩，以孔子与孟子为代表的儒家思想在其中占据重要地位，传播深远，影响至今。在儒家思想中，"天人合一"思想集中表达了儒家关于天人关系的认识，是中华传统自然观最集中的体现，也是中国先哲们表达人与自然和谐相处的最高境界。概而言之，"天人合一"的核心内涵就是认为自然万物和人是一体的。具体来说，"天人合一"主要包括以下含义。

一是敬畏自然，重视自然规律。儒家思想中的"天"代表自然，"天"是自然规律的体现。古时候，一方面，人们因为缺乏自然科学知识而难以理解风、雨、雷、电、洪水等自然现象的原理；另一方面，弱小的人类在面对大自然的威力和伤害时无能为力。所以人们认为这些是上天对人类的惩罚，由此形成了"敬畏自然"的思想。同时，儒家思想的另一个重要观

---

① 习近平：《论坚持人与自然和谐共生》，中央文献出版社 2022 年版，第 1 页。

点就是"知天命",即要求人们应当随着年龄和阅历的增长,认识并顺应一些自然的安排和规律,其中也包括自然运行的规律。从根本上讲,这种"畏天命""知天命"的"天命论"是在人的力量有限的情况下产生的一种具有唯心主义倾向的思想观念,它反映了人类发展初期对人与自然关系的朴素认识。孔子提出:"天何言哉?四时行焉,百物生焉,天何言哉?"不难理解,这里孔子所说的"天"是指自然。大自然滋养万物生长,四时节气有着自己的运行规律,不以人的意志为转移,无须人作出价值评判。另一位儒家学者荀子也认为,自然界的运行有着自己的规律,不会因为人间的改朝换代而改变,人间的治乱、祸福都取决于人们能否顺应自然规律,人们只有顺应自然,遵循自然界的规律,才能有利己的生存与生活。

二是主张人与宇宙万物的和谐统一。儒家既敬畏自然,也讲究实现人与自然的和谐统一,他们主张将目光从个体的"小我"扩大到宇宙的"大我"上,时时刻刻将自身与宇宙万物密切联系。董仲舒说:"天人之际,合而为一。"这里的"天"就是大自然,"人"就是人类,"合"就是互相理解,结成友谊。同样,这也是在表达人与自然是一体的。所以,在儒家看来,"人在天地之间,与万物同流","天人无间断",也就是说,人与万物一起生灭不已,协同进化。人不是游离于自然之外的,更不是凌驾于自然之上的,人就生活在自然之中。这种思想反映了在中国长期的农业社会生产中形成的人与自然相对稳固平衡的关系。程颐说:"人之在天地,如鱼在水，不知有水，只待出水，方知动不得。"这段话进一步强调了人与自然是融为一体的，人需要自然，就像鱼需要水一样，用之不觉，失之难存。这就是对人与自然关系最恰当的比喻。

三是强调人应当以仁爱之心对待自然万物。中国儒家思想的根基是仁爱，既要仁者爱人，更要推广至善待万物，把"仁"的范畴由"人"推广到"花鸟鱼虫兽"，这充分彰显了儒家仁爱思想的精神内涵。董仲舒、荀子以及宋明儒家在孔孟思想的影响下，将道德关爱的范畴由人扩展到自然万物，将道德理念作为生态道德与人际道德相统一，体现了伟大的博爱与普遍的关怀，进而把人类对自然环境的爱护与珍惜上升到仁爱道德的高度。《论语·述而》中说"子钓而不纲，弋不射宿"，即钓鱼不要截住水流一网打尽，打猎不要射夜宿之鸟，都体现出儒家对自然万物的仁爱之心。《孟子·尽心上》中说"亲亲而仁民，仁民而爱物"，即不仅要爱护自己的同胞，还要扩展到爱护各类动物、植物等自然生命，这同样体现了儒家强调的生态伦理之情。总而言之，中国传统文化的生态思想是倡导人与自然和谐共生、相互促进的思想体系。尊重自然的理念，强调了人类应当担负保护自然界以及其他生物的道德责任，人与自然应按各自的规范要求，相互间以"仁"相待。这种理念体现出中国先哲们对人与自然关系的独特思考和生态智慧，对于维护生态平衡、维护生物的丰富性与多样性，具有很强的现实意义。

"天人合一"思想作为儒家思想的重要内容，体现了中国哲学和中华传统的主流精神，显示出中国人特有的自然观、生命观和社会观。在儒家"天人合一"精神的引导下，人们清楚地认识到自然与人本为一体，人并不是自然的主宰，自然也不是人的主宰，二者是紧密联系、不可分割的。人应当以与自然相融为追求目标，自然并非人要征服的外在对立物，而是人的感性实践活动的对象性存在物。因此，人与自然是合而为一的，人应当听从本性的召唤，聆听自然的声音，体悟人与自然的契合。将人的生命活动、生活方式主动融入自然中，实现人与自然的合而为一、和谐无间。

（二）"道法自然"思想

道家是中国传统文化的主要流派，其思想对中国人的精神和气质产生了重要影响。对于人生的价值和政治意义，儒家强调"入世""经世致用"，讲究修身、齐家、治国、平天下，而道家则主张"无我""出世""无为"，其政治理想就是小国寡民的状态，强调人要淡泊名利、远离尘世，待在宁静的山野之间，降低对物质的欲求，通过人自身的反省与修行达到一种宁静和谐的生存状态。道家以道、无、自然、天性为主要思想，而"道法自然"是其核心思想，体现了道家关于人与自然关系的基本理念。具体来说，"道法自然"主要包括以下含义。

一是承认客观规律的存在。"道法自然"的"道"是什么意思呢？老子说"道可道，非常道"，即能够简单地被人理解并说出来的"道"就不是真正意义上的"道"了。同时，《道德经》也对"道"进行了详细阐释："有物混成，先天地生。寂兮寥兮，独立而不改，周行而不殆，可以为天地母。吾不知其名，强字之曰：道，强为之名曰：大。大曰逝，逝曰远，远曰反。"这里，老子强调的"道"有两层含义：第一，"道"是超越时空的无限本体，是宇宙的本源，它生于天地万物之中，而又无所不包，无所不在，表现在一切事物之中，然而它又是自然无为的。第二，"道"的本性是自然，"道"作为一种普遍规律，是自然而然的，按照其本身的规律演化，不受人为干预。这句话揭示了万事万物的总法则——遵循自然，并且这个法则是普遍存在的，不可违背的，这就是道家自然观的核心思想。因而，"自然之道"实际上是事物内在自然而然产生、自然而然变化的客观必然性。按照老庄的说法，天地万物各有自己质的规定性，这种规定性就是规律，是彼此各异的。所以，"道法自然"自然观的基本观点是承认客观规律的存在，强调遵循规律的重要性，认为宇宙中的一切事物，都处在一种有序的运动之中，遵循着一个有序的规律。整个宇宙生成演变，相互统一，构成了以"道"为内在根源的一个统一体，这种统一也包括人与自然的相互融合与统一。

二是主张天人合于"道"。"道法自然"的"道"是自然之道，即自然法则。老子说："故道大、天大、地大、人亦大，域中有四大，而人居其一焉。人法地，地法天，天法道，道法自然。"这段话的意思为：所以说道大、天大、地大、人也大，宇宙间有四大，而人居其中之一。人效法地，地效法天，天效法道，而道效法整个自然界。换句话说，人受制于地，地受制于天，天受制于自然规律，这里通过层层递进，最终强调人必须要遵守自然界的规律，即顺应天道，不逆天而行，人、天、地及"道"才能共生共荣，共同构成一幅宇宙万物融为一体的图景。作为最一般规律，"道"具有本体论意义，贯穿于宇宙、社会和人生。在这里，老子把自然法则看作宇宙万物和人类世界的最高法则，自然法则不可违，人道必须顺应天道。人只能"效天法地"，将天之法则转化为人之准则。他告诫人们不妄为、不强为、不乱为，顺其自然，因势利导地处理好人与自然的关系。用现在的话说，就是要尊重自然、顺应自然。老子关于天人关系的阐述为我们提供了认识自然的正确方式。自然界看似无言无语，其实有自身的运行规律。人作为万物灵长，看似有巨大的力量，但在自然面前也不能为所欲为，因为人本身就是自然界的一部分。更确切地说，道家更多的是自人从属于自然的立场来肯定人与自然的本质同源，人与自然同一、统一，天是自然之天，人是自然之人，人类是自然的一部分。老子说："人法地，地法天，天法道，道法自然。"天地遵从自然之道，人也遵从自然之道。庄子明确提出了"人与天一也"的说法："无受天损易，无受人益难；无始而非卒也，人与天一也。"在老子看来，"道"产生万物的过程，是一个事物自身内在矛盾运动的自然而然的过程。既然人产生于这一过程，人的一切行为就应当以这一过程为范本，将自然作为自己的行为准则。所以，人应当摆正自己的位置，不可妄自尊大，而应重视自然规律，按照自然规律办事。与儒家相比，道家更早表达了"天人合一"的思想。

"道法自然"的思想发展到今天，我们党对它有了更加清晰具体的认识。在治理生态环境方面，"要顺应自然，坚持自然修复为主，减少人为扰动，把生物措施、农艺措施与工程措施结合起来，祛滞化淤，固本培元，恢复河流生态环境。"[①] 可以说，这与道家"道法自然"的思想是不谋而合的。

（三）"感悟山水"思想

佛家虽不是起源于中国的，但佛家思想传入我国后，与我国的传统文化相互吸收、相互影响，对中国人的思想意识、民族关系、文化艺术、生活习惯等方面均产生了深刻影响。而且，从根本上讲，佛家所宣扬的一些观点与儒家思想及道家学说是相契合的。比如，佛家所讲的"普度众生"与儒家所追求的"老吾老以及人之老，幼吾幼以及人之幼"，"故人不独亲其亲，不独子其子，使老有所终，壮有所用，幼有所长，鳏寡孤独废疾者皆有所养"相一致。而且，佛家思想肯定现实生活的残酷性与苦难性，将获得救赎的美好愿望寄托在来世及彼岸，这更贴近古代普通百姓的现实生

[①] 中共中央文献研究室：《习近平关于社会主义生态文明建设论述摘编》，中央文献出版社 2017 年版，第 57 页。

活体验，所以更能为广大百姓所接受。具体来说，佛家思想主要包括以下内容。

一是爱护自然，众生平等，以慈悲之心对待自然界的动物和植物。佛家思想中对后世影响最大的就是其平等思想。佛家倡导"众生平等"，认为万物相互之间都是平等的关系，这种平等关系包括人与人之间的平等、生物与生物之间的平等、生物与非生物之间的平等及非生物与非生物之间的平等。也就是说，这个"众生"，包括了所有的人和动物、花草树木、山川河流乃至宇宙万物。正所谓"一花一世界，一叶一如来"。佛家把伦理道德的范畴扩大到每一个生物，认为即便是一株不为人所注意的弱小植物，也有它自己的生命轨迹——发芽、生长、茂盛、枯萎。所有生命体都在大自然中生存发展，是大自然的构成要素，没有一个生命体可以脱离大自然而独立存在，生命体与生命体之间亦存在或明或暗的相互联系。人作为有心理活动的高级生物，要自觉地尊重万物存在及其发展的权利，并主动地爱惜、维护万物之间的平等关系。

二是融入自然，感悟山水，感悟人生。佛家认为，大自然是人寄托思想情感的重要场所，强调人应借助山水解放被禁锢的心灵、放下精神上的负担。人们可以从自然中洞悉生命的潜藏本质，探究并领悟人生的深远旨趣。这就是佛家思想所说的放下一切，回归自性，达到清净、平等、正觉的状态，即"空"的状态。许多吟咏山水、怡情自然、体物寄情的禅诗，都是以简明的语言表达出深远的意境、深刻的人生哲理。从某种程度上说，自然是人类精神栖息的港湾，也是人类美好情感的重要来源。

三是善待自然，破坏自然会受到自然的惩罚。佛家认为，宇宙间的万事万物，大至整个世界，小至一粒微尘，无不笼罩在因果的关系网中。人对自然界所做的每一件事，自然界最终都会以一定的形式回馈到人身上。人类善待自然也必然会收到自然界的福报，人类破坏自然就必然会受到自然的严惩。有时候这一代人破坏自然而受到自然的报复没有那么明显，但是下一代人可能会受到自然更加严厉的惩罚。

中华文明传承五千多年，中华优秀传统文化生生不息，"天人合一""道法自然"等生态智慧为今天我们如何处理人与自然的关系提供了很多启示。建设生态文明，建设社会主义现代化强国，我们尤其需要积极吸收传统文化中那些质朴睿智的自然观念，并以此为建设人与自然和谐的现代化提供参考和借鉴。

三、可持续发展理论

传统发展观认为，发展就是指经济的发展，经济发展就是指经济规模在数量上的增长。在这种发展观念的影响下，西方发达国家依靠资本主义生产方式，极力追求物质财富的增长和积累，创造了发达的物质文明。但过度追求经济发展，造成了资本主义国家经济、社会、生态各领域发展的极大不平衡。比如，资本主义创造的巨大物质财富占用了当前全球乃至下一代的自然资源，导致全球性的资源短缺和生态环境恶化的形势日益严峻，经济社会的可持续发展面临着生态环境的严重制约。正是在这样的背景下，国际社会于 20 世纪 80 年代末、90 年代初提出可持续发展理论，这是人们对西方工业化以来传统发展观念和发展模式反思的结果。

（一）可持续发展理论的形成背景

可持续发展理论作为一种新的发展观念，它的形成源于人们对西方工业化发展的反思。西方的工业革命极大地推动了人类文明的发展，也深刻影响和改变了大自然的生态。人类以其掌握的先进科学技术，拥有了改造自然的强大力量，不断地向自然开拓，向自然索取。然而，过度的索取严重破坏了自然的承载能力，招来了自然的严重报复。20 世纪 30 年代以来，以"伦敦烟雾事件""洛杉矶光化学烟雾事件"为代表的八大公害事件就是传统发展方式带来的生态环境恶化的结果。

当然，生态环境恶化的问题不是一下子就出现的，它是长期累积的结果，也是人类生产方式转变的结果。在工业革命的初期阶段，全世界的经济规模还很小，自然资源足以保证经济增长的需求。但是，在后来的两百多年时间里，随着科学技术的发展，越来越多的国家和地区被纳入资本主义生产体系，经济规模越来越大，占用的自然资源越来越多，甚至完全超出了自然的供给能力。这时候，世界已从一个人造资本是限制性要素的时代进入到一个自然资本是限制性要素的时代。

可见，工业文明下的经济增长是一种环境消耗性的增长。这种增长面临着一些重要因素的限制，即"资源约束"，它严重制约了工业文明的发展。随着西方各国纷纷进入后工业化进程，众多发展中国家成了发达国家的"污染避难所"，导致区域性、全球性的环境污染和生态退化不断加剧。从英国"伦敦烟雾事件"，到美国"洛杉矶光化学烟雾事件"；从日本水俣湾的"怪病"，到北欧森林与湖泊的死亡……一件件惨痛的环境污染事件此起彼伏，一地一国的生态恶化问题在扩大蔓延。加剧的生态危机使一些专家学者开始反思，我们发展的目的到底是什么？发展是不是仅仅为了追求经济的增长，甚至以牺牲人的幸福为代价去换取增长？人类应该如何以一种新的发展观念和发展模式来代替这种浪费资源、污染环境的发展模式，实现人类和生态环境的永续发展？

（二）可持续发展理论形成的过程

可持续发展理论正是在上述背景下形成的，基于对传统发展观念的反思和检讨，人们提出了替代传统发展观的新发展观念——可持续发展理论。可持续发展理论的形成经历了三个发展阶段。第一阶段，1950 年至 1970 年是可持续发展理论的萌芽阶段。到 20 世纪五六十年代，不少西方有识之士已经发现资本主义经济快速增长带来的问题，罗马俱乐部就在其中。罗马俱乐部长期跟踪资本主义国家经济社会发展问题。1972 年，罗马俱乐部发布研究报告《增长的极限》。报告指出，如果资本主义国家经济社会发展按照 20 世纪 70 年代前人口和资本的快速增长模式持续下去，世界上所有的资源将在不远的将来耗费殆尽，世界发展因资源枯竭而难以继续，在未来 100 年至 150 年里，就会出现生物资短缺、发展难以为继的情况，世界将会面临一场灾难性的崩溃。《增长的极限》报告说明，资本主义的增长方式使人们认识到，经济增长不是毫无限制的，过快的经济增长将导致地球资源的耗竭，并引发人类文明的生存危机。如今，50 年过去了，罗马俱乐部成员在国际会议再次相聚，重新谈起这个话题，再次确认 1972 年报告观点的正确。如今全球人口从 1960 年的 30 亿增长至 2020 年的 76 亿，但我们面临的主要问题依然没变，有些更是验证了当年的设想。如果不是当年罗马俱乐部的警醒，使人们开始创新思考经济发展和资源环境的关系问题，我们今天可能会面临更糟糕的境遇。对于如何解决经济发展带来的资源耗竭这一问题，当时的罗马俱乐部提出的"药方"是实现"零增长"，就是人口的零增长和经济的零增长。"零增长"的"药方"虽然不现实，且有一些悲观的味道，但是它却严肃地指出了当时经济发展模式的问题，让全世界开始关注人类发展中的人口、资源和环境问题，即如何实现三者之间的协调发展，如果不能实现三者之间的协调发展，那么最终必然会带来灾难性的后果。

罗马俱乐部的报告引起了人们对人类未来发展走向的思考，如何处理好生态环境保护问题，是关系人类前途命运的重大问题，必须引起全世界的关注。于是，1972 年联合国在瑞典首都斯德哥尔摩召开了第一次人类环境会议，会议的目的就是号召人们理智地认识人类发展与环境之间的关系，认识到环境对人类发展的重要性和当前环境对经济发展的制约性。大会把对于环境的制约性的认识提到了空前的高度，大会提出的"人类只有一个地球"的口号表明，人类开始意识到自身对自然的依赖，自然资源是有限的，人类必须珍惜自然、爱护自然。大会通过了划时代文献《联合国人类环境会议宣言》，宣告了人类对环境的传统观念的终结，环境不是人类可以随意处置的对象，环境不是无限充足的，保护环境是人类生存和发展的内在要求，人类与环境是不可分割的"共同体"。该宣言强调要关注发展中国家面临的环境问题、资源可持续利用问题，并号召全球采取一致行动，共同保护我们的地球。这是人类采取共同行动保护环境的第一步，是人类环境保护史上的第一座里程碑。这次会议的报告说明，人类必须要一致行动起来，保证地球不但能满足当代人的生活和生存，而且要适合子孙后代居住，满足后代人发展的需要。此时，可持续发展的火花已经迸发。

第二阶段，1970 年至 1992 年是可持续发展思想及理论的形成阶段。在这一阶段中，最突出的成果是可持续发展概念的提出和对可持续发展的定义。1987 年，世界环境与发展委员会发布了一份题为《我们共同的未来》的报告，该报告明确了可持续发展的定义："可持续发展是既满足当代人的

需要，又不对后代人满足需要的能力构成危害的发展。"① 这个概念提出
"当代人的需要"不能危害"后代人的需要"问题，强调了发展的可持续性
和永续性，强调了发展的代际传递，这是从全人类整体利益和长远利益的
高度对发展作出的新的思考。此外，报告还针对环境的恶化、资源的枯竭
等事实指出，过去人们关心的是经济发展对生态环境的影响，比如环境污
染问题等；而现在，人们已经迫切地感受到生态的压力对经济发展的重大
影响，认识到生态压力对经济发展的影响，这是人们转变旧发展观、形成
新发展观的重要基础。很显然，该报告相比 1972 年的《联合国人类环境会
议宣言》，对发展问题的认识有了新的突破：一是既注重发展对环境的影
响，也指出了环境对发展的制约。把发展和环境两者联系起来作为一个整
体问题来考虑，这样更有利于问题的解决。二是明确和规范了可持续发展
的定义，从而使人类对未来发展有了一个统一的行为规范和行动指南。三
是报告涉及面广，把对发展问题、发展观念问题的认识提高到一个新的高
度，有利于新的发展观念在全球范围内的传播和在更宽广的范围内被接纳。

第三阶段，可持续发展理论渐成体系，并形成广泛实践。1987 年发表
的《我们共同的未来》报告提出"可持续发展"这一概念，此后这一概念
逐步被国际社会接受。1992 年，联合国环境与发展大会在巴西里约热内卢

---

① 世界环境与发展委员会：《我们共同的未来》，王之佳、柯金良等译，吉林人民出版社 1997 年
版，第 52 页。

召开，会议通过《里约环境与发展宣言》《21世纪议程》等文件，这标志着"可持续发展"已经形成了一个规范的理论，具备了框架性的理论体系。更重要的是，"可持续发展"已经成为人们的共识，引起了广泛关注。参加这次会议的是各国政府首脑，他们对可持续发展不仅仅停留在思想和认识领域，而是要落实到行动层面。各国政府首脑的签约使得这种行动成为可能，许多国家根据《21世纪议程》制定了本国可持续发展战略和行动计划。时任中国国务院总理李鹏参加了这次大会并签署了《21世纪议程》。此后，我国积极落实会议要求，于1994年制定完成并批准通过了《中国21世纪议程——中国21世纪人口、环境与发展白皮书》，确立了中国21世纪可持续发展的总体战略框架和各个领域的主要目标。依据此白皮书，国家有关部门和地方政府也相应地制定了部门和地方可持续发展实施行动计划，可持续发展由观念转变真正落实到实际行动中。此外，这次大会提出的可持续发展理念也得到一些相关的国际组织的支持和响应，至此，"可持续发展"作为一种宏观理论的历史使命已经完成，人们将把更多的注意力放在具体实践上。

（三）可持续发展的核心内涵

"可持续发展"这一概念提出后，人们不断赋予其更丰富、更鲜明的时代内涵。比如，在罗马俱乐部发表的研究报告《增长的极限》中，其主要观点是地球资源是有限的，不可能维持人口和经济无限制地增长，人类要理性地发展，即发展必须建立在自然资源可支撑的基础之上，"没有环境保护的繁荣是推迟执行的灾难"。在这里，可持续发展强调的是资源对经济发展的重要性和资源的有限性。受联合国人类环境会议秘书长 M. 斯特朗委托，英国经济学家 B. 沃德和美国微生物学家 R. 杜博斯撰写了《只有一个地球》一书。书中指出，"不进行环境保护，人们将从摇篮直接到坟墓"，其核心观念就是人类要爱惜自然、珍惜自然。1987 年世界环境与发展委员会在《我们共同的未来》报告中指出："其经济和社会发展的目标必须根据可持续性的原则加以确定。"[①]可持续发展成为经济社会发展的一条重要原则，贯穿到经济社会发展的方方面面。正是在人们的认识不断深化的基础上，可持续发展概念才得以形成和完善。

由人们对可持续发展认识的过程可以发现，可持续发展的理论虽然缘起于生态环境保护，但作为一个指导人类走向新世纪、解决人类面临的新问题的发展理论，它又超越了单纯的生态环境保护。其最突出的贡献就是将环境问题与发展问题有机地结合起来，成为一个有关社会经济发展的全局性战略。也因此，可持续发展的内涵更加丰富，主要包括三个方面：一是在经济可持续发展方面，坚持历史唯物主义的基本立场和观点，以可持续发展鼓励经济增长而不是以环境保护为名取消经济增长，不仅重视经济增长的数量，更

---

① 世界环境与发展委员会：《我们共同的未来》，王之佳、柯金良等译，吉林人民出版社 1997 年版，第52 页。

追求经济发展的质量。二是在生态可持续发展方面,突出生态环境的基础性地位,强调经济建设和社会发展要与自然承载能力相协调。发展的同时必须保护和改善地球生态环境,保证始终以可持续的方式使用自然资源和环境成本。三是在社会可持续发展方面,主张社会公平是环境保护得以实现的机制和目标。发展的本质应包括改善人类生活质量,提高人类健康水平,创造一个保障人们平等、自由、教育、人权和免受暴力的社会环境。由此,可持续发展形成一个包含自然、经济、社会等要素协调发展的全新的发展观念,也形成一个完整的自然经济社会发展系统,凸显了发展的全面性和发展价值由物到人的重大转变。

在可持续发展理论中,发展的内涵大大扩展了,即发展不仅仅指经济的发展,而且应该关注人的发展和幸福,发展应该是自然、经济、社会的和谐发展,而不能只顾某一个方面。可持续发展理论一经产生,就立刻得到了全世界各国的广泛认同。我国在21世纪初就制定了《中国21世纪初可持续发展行动纲要》,可持续发展的观念已经渗透到我们国家发展的各个领域。当然,可持续发展思想也对新时代生态文明建设产生了重要影响。

新时代生态文明建设的理论,实际上与可持续发展理论是一致的。比如,经济建设上台阶,生态文明建设也要上台阶;保护生态环境就是保护生产力,改善生态环境就是发展生产力;良好生态环境是最公平的公共产品,是最普惠的民生福祉,等等。这些主张完全与可持续发展的内在要求相契合。

四、新中国成立以来我国生态文明建设的实践

新中国成立以来,随着我国社会主义工业化建设的大规模展开,许多生态环境问题逐渐浮出水面,对经济社会发展造成了一定影响。在此背景下,我们党开始关注生态环境保护。但总体上,当时我们最紧迫的历史任务是快速实现工业化,加之对生态环境保护的重要性、紧迫性等还没有清晰的认识,所以在这一时期,生态环境问题没有受到足够的重视。改革开放后,在以经济建设为中心抓好物质文明建设的同时,我们党在逐渐把握经济社会发展规律、不断应对日益严峻的生态环境问题的过程中,建设生态文明的意识逐渐萌发、形成。总之,70多年的探索和实践历程,为新时代生态文明建设奠定了坚实的理论基础、积累了丰富的实践经验。

(一)对生态环境问题的初步探索

新中国成立以后,我们党面临着严峻的国内外形势,既要保卫新生的国家政权,又要担负起紧迫的社会主义经济建设任务,尽快把我国从落后的农业国变为先进的工业国。由于当时技术水平落后、工业基础薄弱,工业化基本上是从对自然资源的加工利用开始。在比较落后的基础上开展工业化,导致"征服自然""战天斗地""人有多大胆,地有多大产"等口号出现了。这既表明了那个时期我们建设工业化的坚强决心和工业化发展的势如破竹,也在某种程度上说明,在这个历史发展阶段生态环境问题出现的历史必然性。

为了快速实现工业化,全国上下开展了"大跃进"运动。这次经济上的大

干快上，从总体上看违背了经济社会发展规律，不可避免地产生了很多生态环境问题。毛泽东对此有所注意，他说："如果对自然界没有认识，或者认识不清楚，就会碰钉子，自然界就会处罚我们，会抵抗。比如水坝，如修得不好，质量不好，就会被水冲垮，将房屋、土地都淹没，这不是处罚吗？"①这表明我们党在当时已经认识到，不遵循自然规律，不尊重自然，自然就会出问题，就会对社会发展产生危害。同时，在"大炼钢铁"运动和社会主义工业化建设过程中，由于技术和体制机制等方面的原因，生产过程中的资源浪费问题比较严重。对此，毛泽东多次强调要节约，他在《勤俭办社》一文按语中指出，勤俭经营应当是全国一切农业生产合作社的方针，应当是一切经济事业的方针。什么事情都应当执行勤俭的原则，节约是社会主义经济的基本原则之一。从那时起，节约资源、保护环境的思想就已经萌芽。在这一时期，我们党的其他领导人也注意到了生态环境问题。比如，周恩来就多次提到森林资源问题，他强调既要加强国家的造林事业和森林工业，也要有计划有节制地采伐木材和使用木材，同时还必须在全国有效地开展广泛的群众性的护林造林运动。面对当时已经出现的严重的环境污染，在大多数人对此还不以为意的时候，周恩来已经多次指示有关部门和地区切实采取措施防治环境污染。在周恩来的支持下，我国派代表团参加了 1972 年在瑞典斯德哥尔摩召开的人类环境会议。通过参加这次会议，我们开阔了视野，增长了见识，认识到我国

---

① 毛泽东：《毛泽东文集》（第八卷），人民出版社 1999 年版，第 72 页。

的环境污染问题并不比西方国家少，甚至比西方国家还严重，必须加以重视和治理。这些正确的认识促成了 1973 年第一次全国环境保护会议的召开，这次大会确定了"全面规划，合理布局，综合利用，化害为利，依靠群众，大家动手，保护环境，造福人民"的环境保护工作"32 字方针"，成为我国环境保护事业的第一个里程碑。

从新中国成立到 20 世纪 70 年代末期，党和国家领导人在社会主义革命和建设实践中，及时发现问题，制定对策，对节约资源、保护自然环境提出了一些具体要求。但由于当时我们党领导社会主义建设的时间还不长，对社会主义建设规律的认识还不够深入，因此，对于随着实践深入暴露出来的生态环境问题在当时的社会条件下尚未得到真正的重视。

（二）从生态环境保护到生态文明建设理念的形成

改革开放后，我们党对生态环境的保护是在社会主义现代化实践深入进行和全球生态环境危机日益严重的背景中展开的。改革开放极大地促进了经济社会的大发展和大进步，但也带来了日益严重的资源短缺、生态破坏和环境污染问题。在不断应对和解决生态环境问题的基础上，我们党对经济发展和环境保护的关系、人与自然的关系的认识更加辩证和科学，实现了从关注生态环境问题到建设生态文明的重大飞跃。

改革开放后，社会主义市场经济体制的确立，释放出了我国经济发展的巨大活力，使我国创造了世界经济增长的奇迹。但奇迹背后，在生态环境上却付出了巨大的代价。粗放型经济增长以高投入、高消耗、高污染、低效益为主要特征,经济发展消耗了过多的资源,也带来了严重的环境污染。我们的森林在减少,草原在退化,湿地在逐渐干涸,某些珍稀动植物开始濒危,生态环境遭到严重破坏。生态环境恶化已经严重影响经济社会的发展,引起了党和政府的高度重视。随着我们党对经济社会发展规律、社会主义现代化建设规律的认识日益深化,我们党开始从经济社会发展全局的高度来认识生态环境问题。针对 20 世纪 80 年代我国规模巨大且快速增长的人口数量,党的十二大报告提及"生态平衡"的问题时提出人口资源相均衡的问题。人口的快速增长,对农业发展造成了巨大压力,耕地数量、粮食产量等与快速扩张的人口相比,供应越发紧张,在这样一种状况下,党的十二大报告指出今后必须在坚决控制人口增长、坚决保护各种农业资源、保持生态平衡的同时,在有限的耕地上生产出更多的粮食和经济作物。提出人口增长和粮食产出相均衡,说明此时我们党初步具有了人口资源相均衡的思想。面对资源尤其是耕地紧张的现实,国务院在 1984 年 5 月发布了《国务院关于环境保护工作的决定》,把节约资源和保护环境作为我国的一项基本国策,和当时的"计划生育"相结合,在实现人口资源相均衡方面初步形成了一套适合中国国情的政策和措施。到了党的十三大,我们党对生态环境问题的严峻性认识得更加深刻,特别提到"靠消耗大量资源来发展经济,是没有出路的",并着重指出,保护生态平衡是关系经济和社会发展全局的重要问题,"在推进经济建设的同时,要大力保护和合理利用各种自然资源,努力开展对环境污染的综合治理,加强生态环境的保护,把经济效益、社会效益和环境效益很好地结合起来"①。强调经济效益和社会效益、环境效益相结合,表明我们党已经把生态环境问题置于经济社会发展的全局中来看待。党的十四大报告中继续把"加强环境保护"作为十大关系全局的战略任务加以强调,并进一步提出"努力改善生态环境"。

在这一时期,对我国生态文明建设具有里程碑意义的大事就是可持续发展理念的形成与实践。随着 1992 年联合国环境与发展大会在巴西里约热内卢召开,可持续发展理念在国际社会得到了广泛传播和响应,各国开始大力实施可持续发展战略。在此背景下,我国政府制定了《中国 21 世纪议程——中国 21 世纪人口、环境与发展白皮书》,明确指出:"走可持续发展之路,是中国在未来和下一世纪发展的自身需要和必然选择。"②这标志着中国正式确立了可持续发展的战略。此后,结合我国经济社会发展中出现的生态环境问题,江泽民多次阐述了可持续发展的重要思想。在 1996 年第四次全国环境保护会议上,他发表了《保护环境,实施可持续发展战略》的讲话,指出经济发展必须与人口、资源、环境统筹考虑,不仅要安排好当前的发展,还要为子孙后代着想,为未来的发展创造更好的条件,决不能

---

① 中共中央文献研究室:《十三大以来重要文献选编》(上),人民出版社 1991 年版,第 35 页。
② 郑谦:《中华人民共和国史》(1992—2002),人民出版社 2010 年版,第 111 页。

走浪费资源和先污染后治理的路子，更不能吃祖宗饭、断子孙路。党的十五届五中全会在部署"十五"时期我国社会发展的主要奋斗目标时，明确提出要"加强人口和资源管理，重视生态建设和环境保护"。① 党的十六大正式将"可持续发展能力不断增强，生态环境得到改善，资源利用效率显著提高，促进人与自然的和谐，推动整个社会走上生产发展、生活富裕、生态良好的文明发展道路"②写入党的报告，并作为全面建设小康社会的四大目标之一。可以说，党的十六大报告关于可持续发展的具体部署，已经包含生态文明建设的重要意蕴。因此，从改革开放到党的十六大，这一时期是新中国生态文明思想形成的雏形期，其中标志性的理论和观点是：植树造林，科学发展林业；重视资源综合利用，倡导开发利用新能源和可再生能源；深刻认识到环境保护的重要性，环保工作上升为基本国策；建立环境法律制度，等等。

同时，在这一历史时期，党和国家在生态环境建设方面采用了一些新举措，主要体现在随着社会主义市场经济体制的进一步确立，我们在运用市场手段大力发展经济的同时，也充分运用市场手段促进资源节约和环境保护，并在实践中产生了较好的效果。比如，针对过去自然资源定价过低造成的浪费和污染问题，确立资源有偿使用的原则，制定自然资源开发利用补偿收费

---

① 中央财经领导小组办公室：《〈中共中央关于制定国民经济和社会发展第十个五年计划的建议〉学习辅导讲座》，人民出版社 2000 年版，第 19 页。
② 江泽民：《江泽民文选》（第三卷），中央文献出版社 2006 年版，第 544 页。

政策和环境税收政策;将自然资源和环境因素纳入国民经济核算体系,纳入经济社会发展成本;改变企业环境污染"外部化"的传统,制定不同行业污染物排放的限定标准,逐步提高排污收费标准,促进企业污染治理达到国家和地方规定的要求,等等。同时,鼓励全社会节约资源、保护环境,对环境污染治理、清洁能源开发利用、废物综合利用和自然保护等社会公益性项目,在税收、信贷和价格等方面给予必要的优惠;改革资源价格体系,促进资源的节约利用和保护增殖。

此外,这一时期,我国加强了对生态环境的管理,注重运用法律和行政手段维护可持续发展。比如,建立健全科学的环境保护法律法规标准、严格执法,完善和推行行之有效的管理制度和措施;污染防治逐步从浓度控制转变为总量控制,从末端治理转变到全过程防治,等等。可以说,与可持续发展有关的立法与实施是把可持续发展战略付诸实践的重要保障。

(三)从生态文明理念到生态文明社会建设蓝图的整体勾画

进入新世纪,随着我国经济的高速发展和经济规模的不断扩大,生态环境保护形势更加严峻。经济全球化的迅猛发展,催生了更多的全球性生态环境问题,如气候变暖、生态破坏、生物多样性减少等,给人类带来更加直接、更加现实的生存性威胁。海平面的上升使许多小岛屿国家面临灭顶之灾,极地地区的冰雪融化使北极熊、企鹅没有立足之地,生物多样性减少使这个地球少了许多生机和活力。地球生态环境的变化,促使全人类反思自己的发展方式和生存方式,我们到底怎么做才能继续生存下去？唯一的答案就是我们需要一种深刻的改变、一种更加积极的新的生态意识,重塑人类与自然的关系。我们要调整价值观念,改变生产生活方式,从根本上改变人类发展面临的这种岌岌可危的被动局面。我们党基于改革开放以来中国特色社会主义建设的成就和经验教训,深入思考、总结人类社会发展规律和社会主义现代化建设规律,以历史担当精神和理论创新勇气,将生态文明建设列入科学发展观的思想谱系之中,开启了生态文明建设理论探索和顶层设计的新时期。

2003 年,我们党提出"坚持以人为本,树立全面、协调、可持续的发展观",这就是科学发展观。科学发展观的重大创新之一就是从发展观念、发展方式的角度认识和解决生态环境问题。科学发展观是新世纪我国发展观念、发展方式、发展价值的重大转变,其中生态文明建设既是实现这种转变的内在要求,也是实现这种转变的重要推动力量。首先,科学发展观的核心是以人为本,强调我们发展的出发点和落脚点都是为了人民。过去经济高速发展虽然给人们带来了物质生活水平的提高,却损害了人民赖以生存的生态环境,因此这种发展还不是真正以人为中心的发展。科学发展观坚持以人为本,就必然要实现经济发展方式的转变,把经济发展和环境保护统一起来,实现二者之间的"双赢",这种"双赢"就体现了其中包含的鲜明的生态文明思想。其次,科学发展观的根本方法是统筹兼顾。其中,统筹人与自然和谐发展是科学发展观"五个统筹"的重要组成部分。统筹人与自然和谐发展，就是要树立科学的自然观，要认识到人与自然是一个相互依存、相互联系的整体，不能把人置于自然的对立面，而应该从整体上辩证地认识人与自然的关系，并以此作为认识和改造自然的基础。

继党的十二大至十五大强调建设社会主义"物质文明""精神文明"，党的十六大提出建设社会主义"政治文明"之后，党的十七大首次提出建设"生态文明"。与"生态环境建设"的提法相比，生态文明建设的内涵和外延有了显著变化，它说明我们不再仅仅就生态环境问题谈生态环境问题，而是对生态环境问题的重要性、成因、治理等有了更加深入的认识，对经济社会发展的今天、明天有了更加深刻的认识。科学发展观把生态环境问题上升到发展观念和经济发展方式的高度来思考，已经具有了生态文明建设的意蕴。从新中国成立之初的"综合平衡"到"可持续发展"，再到"全面协调可持续"的科学发展观，这些重大的理论创新和实践积累表明了我们党对生态环境问题的深化认识和对生态文明建设的历史逻辑的深刻把握，同时也构成了我们党新时代生态文明建设的坚实基础。

党的十八大以来，我们党继承新中国成立以来生态文明建设探索取得的一系列重大成果，并继续加大理论创新和实践创新，在社会主义现代化实践中进一步突出生态文明建设的地位，将生态文明建设纳入社会主义现代化建设的"五位一体"总体布局之中，生态文明建设上升为国家战略，融入经济建设、政治建设、文化建设、社会建设各方面和全过程。从"三位一体"到"四位一体"再到"五位一体",社会主义生态文明建设走上了新道路,社会主义生态文明开启了新时代。

第二章　新时代生态文明建设的理论遵循

党的十八大以来，我们党深刻认识和把握人类社会发展规律和社会主义现代化建设规律，对生态文明建设的重大战略意义、战略地位以及新时代生态文明建设的目标任务有了更加明确的认识。以习近平同志为核心的党中央大力推进生态文明建设的理论创新、实践创新和制度创新，形成了新时代生态文明思想，为新时代生态文明建设提供了根本的理论遵循。新时代生态文明建设理论深刻回答了"为什么建设生态文明""建设什么样的生态文明""怎样建设生态文明"等重大理论和实践问题，极大地丰富和发展了习近平新时代中国特色社会主义思想。新时代生态文明建设理论是一个系统完整、逻辑严密的科学理论体系，它深刻把握人与自然的发展规律，紧扣时代命题，坚持开拓创新，充分体现了这一理论的科学性、指导性和实践性，充分展示了生态文明建设的实践伟力。

一、坚持尊重自然、顺应自然、保护自然的科学自然观

如何认识并正确处理人与自然的关系，是生态文明建设的核心问题，也是在新时代生态文明建设理论体系中居于重要基础性地位的问题，它明确了

新时代生态文明建设必须遵循的总体原则,对新时代生态文明建设具有重要指导意义。同时,如何看待人与自然的关系也是我国新时代生态文明建设区别于西方生态文明建设理论和思潮的重要标志。党的十八大报告提出必须树立尊重自然、顺应自然、保护自然的生态文明理念,这一理念是新时代我们党对人与自然关系的科学认识,它既继承了马克思关于人与自然关系的观点,又立足于当今时代的经济社会发展对其进行发展和创新。这一理念高屋建瓴,深刻地指明了生态文明的核心是人与自然和谐共处,生态文明建设的本质要求是正确认识和处理经济发展和环境保护的关系。

(一)为什么要尊重自然、顺应自然、保护自然

西方工业化以来,人类之所以对自然为所欲为,并随之遭受到自然严厉的报复,从根本上讲就是因为人们不懂得人与自然的真正关系是怎样的,不懂得如何与自然相处,具体说就是不知道在经济社会发展中如何利用和保护自然。在传统的思想观念中,自然就是人的对立面,是人类改造征服的对象,人类改造自然的能力越大,生产力水平就越高。人类为了自身的利益,可以毫无节制地任意利用和改造自然、征服自然,向自然索取。但随着西方后工业社会的来临,也有一部分人认为,自然同人类一样是有生命的,自然与人类是绝对平等的,人类应该以平等的方式对待自然,给自然以伦理关照。上述两种观念,就是历史上形成的"人类中心主义"和"生态中心主义"的代表观点。然而,无论是"人类中心主义"还是"生态中心主义",都没有正确认识到

人与自然的真实关系,都不能科学地指导我们的实践。只有建立在历史唯物主义和辩证唯物主义基础上的马克思主义自然观,为我们正确认识人与自然的关系以及我们为什么要尊重自然、顺应自然、保护自然提供了科学的指导。

马克思主义认为,人与自然是不可分割的整体,人类是自然长期进化的结果,本身就是自然的一部分。但是,人又不同于自然界中的其他生物,人是自然中最高级的生命存在。人类为了更好地发展,为了满足自身的需要,可以在不违背自然规律的前提下利用和改造自然。人类要尊重自然,尊重的其实就是自然规律。尊重自然规律必须以发现和认识自然规律为前提,但自然规律不是人们随随便便就能认识到的,有些规律比较鲜明简单,一般人都能认识到,但有的规律比较隐蔽,难以为人们所认识和把握,而针对这些规律的探索过程就比较长,在这期间甚至还会犯错误。当然,有的时候人们虽然能认识到某些自然规律,但由于其他方面的原因,仍然在干着违背自然规律的事情。人类工业化进程中出现的全球性生态危机和重大环境公害事件,说到底就是人与自然的关系出了问题,就是人类不尊重自然、顺应自然、保护自然的必然后果。

那么,人类为什么必须尊重自然、保护自然、顺应自然呢?因为"人与自然是生命共同体,人类必须尊重自然、顺应自然、保护自然。人类只有遵循自然规律才能有效防止在开发利用自然上走弯路,人类对大自然的伤害最终会伤及人类自身,这是无法抗拒的规律"。① 之所以这个规律"无法抗拒",从根本上说,是因为人与自然是生命共同体。在普通人看来,人有生命,而自然界无生命,但其实自然界也是有生命的。自然本身就是一个无限大的系统,各个组成部分永不停歇地进行着各种物质和能量的交换并保持着一种平衡的状态,人类就是这个系统中的一个重要组成部分。也就是说,人在同自然界的互动中生产、生活、发展,人活着就要呼吸、喝水、吃饭,一刻也离不开空气、水、阳光等,人离开自然界根本无法生存,所以,人与自然是生命共同体。自然遭到破坏,就意味着人类的生存环境遭到破坏,就意味着人自身遭到破坏。人类源于自然界,伤害自然就是伤害人类自己。人类社会自形成始,就是一个由社会系统、经济系统和自然系统耦合成的复合生态系统。人类并不是这个生态系统中高高在上的主宰者,而只是其中的一个组成部分,只有当各个系统彼此适应、输入输出总体平衡的时候,整个复合生态系统才能实现稳定的良性循环。相反,如果人类凭借逐渐发展起来的能力,傲慢地把自然看作人的对立面,对自然缺乏应有的尊重和敬畏,只讲索取不讲投入,只讲发展不讲保护,只讲利用不讲修复,就会破坏自然界,破坏了复合生态系统的平衡。

当然,这个复合生态系统本身也处在不断的变化中。回顾人类历史,人与自然的关系大体经历了以下几个阶段。在原始文明阶段,人类自身的能力

---

① 习近平:《决胜全面建成小康社会 夺取新时代中国特色社会主义伟大胜利——在中国共产党第十九次全国代表大会上的报告》,人民出版社 2017 年版,第 50 页。

还比较低下,生活完全依赖于自然,受自然支配。此时,人类还无法理解一些自然现象,风、雨、雷、电等不可避免地给弱小的人类带来生存困难。人类无力抵抗这些自然现象的侵袭,因此对自然充满敬畏。这一阶段,自然完全以它的威力表现出远远大于人类的力量,人与自然是一种原始和谐关系。到了农业文明阶段,人的能力得到很大发展,借助于手工生产工具,人类开始初步地开发、利用、改造自然,以满足人类基本的生活所需。这一阶段,由于生产工具落后,人类对自然开发、利用的效率不高,规模也不大,并没有给自然带来难以承受的损害和破坏。随着人类进入工业文明阶段,生产工具越来越先进,机器大工业不断发展,人类对自然干预的范围和规模也越来越大,人类开始以"主人"的身份对待自然,大规模地征服、改造和利用自然。在这一阶段,人们借助于现代化的生产工具,在自然面前肆意妄为,自然沦为人类的"奴隶",人与自然关系成了"主奴关系"。人类大规模征服自然、改造自然,不断逾越人与自然应有的边界,导致自然不堪重负。因此,自然也以它特有的方式,比如环境公害事件、自然灾害等,回应人类。这也足以证明人类对自然界的伤害,最终会伤害人类自身。

总结人类过去对待自然的态度以及自然对人类的报复,我们党明确了新时代生态文明建设最核心的一点就是强调人类要生存好、发展好,必须尊重自然规律,不能无视自然的承载能力而一味超越边界。为此,要坚决摒弃损害甚至破坏生态环境的增长模式,加快形成节约资源和保护环境的空间格局、产业结构、生产和生活方式,把经济活动、人的行为限制在自然资源和生态环境能够承受的限度内,给自然留下休养生息的时间和空间。

(二)什么是尊重自然、顺应自然、保护自然

弄清楚什么是尊重自然、顺应自然、保护自然,才能知道如何真正做到尊重自然、顺应自然、保护自然。所谓尊重自然,就是既不惧怕自然、也不盲目臣服于自然,既不无视自然、漠视自然,也不凌驾于自然之上甚至控制自然,而是要把自然视为一个与人紧密联系的有机统一体,以科学的态度处理人与自然的关系。

实践中要做到尊重自然,即按自然规律办事,并不是一件容易的事情。整个大自然浩瀚辽阔,各类物质自身的内在机理,彼此之间的内在联系、相互作用深刻复杂,并不是人们一眼就能看穿、看透的。所以,人对自然规律的认识是一个长期的过程,认识自然的特点、把握其内在运行规律,不但对古人,即使对今天的我们来说,也是不可能完全做得到的。而且,人类对自然的利用改造范围越来越大,人与自然结合越来越紧密,需要人把握的自然规律就会越来越多、越来越复杂。人的许多活动都是在总结探索自然规律的过程中展开的,其间难免会误入歧途,对自然造成伤害。但最终,人必须努力探索出与自然相处的正确方式,也就是在利用或改造自然的过程中,绝不能以超出自然的再生和修复能力为代价对其进行粗暴的干预、强取豪夺,必须遵循自然规律办事,克制对自然索取的欲求,在自然允许、能够承受的范围内利用、改造自然。这提醒我们在自然面前要谨慎小心，要心存敬畏，任何改变自然的重大举措必须提前深入研究其可能对自然造成的影响和后果。

所谓顺应自然，就是人在利用和改造自然的过程中要顺应、利用自然规律，而不能无视或违背自然规律，更不能对抗或消灭自然规律。自然是生命之母，人与自然是生命共同体。人与自然相处的最好状态，就是人能顺应自然。习近平指出："生态是统一的自然系统，是相互依存、紧密联系的有机链条。人的命脉在田，田的命脉在水，水的命脉在山，山的命脉在土，土的命脉在林和草。这个生命共同体是人类生存发展的物质基础。"①这一科学论断，揭示了自然系统各组成成分之间的内在关联。其实，我们祖先已经意识到并表达过顺应自然的思想。比如，《老子》中说"人法地，地法天，天法道，道法自然"，强调要顺应自然规律。《孟子》中说："不违农时，谷不可胜食也；数罟不入洿池，鱼鳖不可胜食也；斧斤以时入山林，材木不可胜用也。"《荀子》写道："……草木荣华滋硕之时，则斧斤不入山林，不夭其生，不绝其长也。"这些先哲的思想其实都在表达人生产劳动、获取衣食，都要按照自然规律来进行。顺应自然，就会在利用自然资源的方式上最科学、合理，最有效益。反之，破坏了自然，再重新去修复，不但要花费更多的金钱，而且破坏了的自然也不是一下子就能恢复好的，这样做只会得不偿失。

所以，顺应自然给我们的启示就是，新时代生态文明建设的所有制度设

---

① 习近平：《论坚持人与自然和谐共生》，中央文献出版社 2022 年版，第 12 页。

计,无论是修复生态还是治理污染,都要在把握生态环境这个系统整体的基础上,借用自然的力量来修复自然,而不能违背自然规律。否则,不仅仅会事半功倍,甚至可能会白白浪费时间、金钱和精力。所以,当前治理污染也好,修复生态也好,一定要坚持自然恢复为主的方针,借助自然规律来治理和修复自然。

所谓保护自然,就是在掌握自然规律的基础上按照自然规律去关照自然,保护自然生态系统的统一性、整体性,在利用自然的同时注重保护和修复自然,不能一味剥夺自然、亏欠自然,要知道回馈自然。无论是出于什么发展目的,人类向自然的索取或对自然的改造一定要在自然再生能力范围内。比如,对水、林、矿等自然资源的利用一定要在对应的自然环境更新和修复的能力范围之内,在保护的前提下开发、利用与改造自然,绝不能竭泽而渔、杀鸡取卵;必须改变过去对自然过度开发、对自然欠账太多的状况,给自然留下休养生息的时间和空间。又比如,实行林业封山、海洋休渔制度,这实际上就是在掌握自然规律的基础上对自然所做的保护。新时代我们要实现经济高质量发展,必须要深刻认识到,生态环境保护和经济发展不是矛盾对立的关系,而是辩证统一的关系。正如习近平所强调的,"经济发展不应是对自然资源和生态环境的竭泽而渔,生态环境保护也不应是舍弃经济发展的缘木求鱼"。① 实际上,"保护生态环境就是保护生产力,改善生态环境就是发展生产力"。② 要做到在发展中保护、在保护中发展,就要坚定不移地保护绿水青山这个"金饭碗",利用自然优势发展特色产业,因地制宜壮大绿色经济。一方面,要加快形成绿色发展方式,通过调整经济结构和能源结构,优化国土空间开发布局,培育并壮大节能环保产业、清洁生产产业、清洁能源产业,推进生产系统和生活系统循环链接。另一方面,要加快形成绿色生活方式,在全社会牢固树立生态文明理念,增强全民的节约意识、环保意识、生态意识,培养其生态道德和行为习惯,努力让天更蓝、地更绿、水更清。

(三)如何尊重自然、顺应自然、保护自然

在实践中如何做到尊重自然、顺应自然、保护自然? 最关键的就是处理好经济发展和环境保护的关系,对自然资源的利用要建立在保护自然的前提下,要坚持节约优先、保护优先、自然恢复为主的方针,用最严格的制度、最严密的法治来守护绿水青山、保障绿色发展,这既是历史的经验,也是现实的选择。

新时代要实现经济的高质量发展更应该做到尊重自然、顺应自然、保护自然。在长期的发展过程中,我国累积了大量的生态环境问题,影响和制约

---

① 中共中央文献研究室:《习近平关于社会主义生态文明建设论述摘编》,中央文献出版社 2017 年版,第 19 页。

② 中共中央文献研究室:《习近平关于社会主义生态文明建设论述摘编》,中央文献出版社 2017 年版,第 4 页。

着文明发展的进程、中华民族的复兴。我国生态环境问题成因复杂,和历史因素、人口数量、资源禀赋、发展方式密切相关,具有"时空压缩"的特点。我国的生态环境问题在改革开放以来的快速发展中集中爆发,生态环境中的历史欠账难以归还,新的环境问题又不断涌现,并进入高发频发阶段,严重影响人们的生产生活。因此,新时代中国的经济社会发展必须是在尊重自然和保护自然基础上的发展,而决不能还是为所欲为的发展。保护生态环境,关系中华民族发展的长远利益,是功在当代、利在千秋的伟业,在这个问题上,我们没有别的选择。

一是我们必须在继续实现新型工业化、信息化、城镇化和农业现代化的过程中,协同推进绿色化,真正认识到人与自然是一个生命共同体,从根本上改变过去把人与自然对立起来的观念,像保护自己的眼睛那样保护自然,像爱护自己的身体那样爱护自然。比如,我们要根据生态功能要求划定各类保护生态红线,对具有重大生态功能的区域划定自然保护区等。这样做,实际上就是在把握自然承载能力的基础上,按照最有利于自然,从长远来说也最有利于人类的方式,在实现经济社会发展的同时实现人与自然的和谐共生。其实,早在第一次工业革命开始后,随着工业化对自然环境的破坏步步加深,各国便开始尝试设立自然保护区。建立自然保护区、建立国家公园体制等,都是尊重自然和保护自然的重要体现。二是在进行经济建设的时候,不能急功近利,更不能以破坏生态环境为代价,应创造对自然伤害最小的生产生活模式。三是要对自然进行回馈和补偿,实现经济发展和生态环境保护的良性循环。不能只讲利用不讲保护,只讲收益不讲投入。我们正在实施的重大生态修复工程,比如退耕还林、退耕还牧等,就是我们在偿还生态环境上的历史欠账,让自然得以休养生息。

二、坚持绿水青山就是金山银山的生态发展观

"绿水青山就是金山银山"这一重要论断是新时代生态文明建设的重大理论创新,是新时代生态文明思想的核心内容,是新发展理念的重要组成部分。这一重要论断是我们党深入思考经济发展与生态环境保护关系作出的新论断,也是对经济发展和生态环境保护关系的新认识。如今,经过十多年的理论发展和实践检验,"绿水青山就是金山银山"这一理论内涵更加完善成熟,它是新时代推进经济社会发展和生态文明建设的核心指导思想,为我们建设美丽中国、转变经济发展方式、实现生态环境高水平保护和经济高质量发展提供了理论依据和实践指导,具有鲜明的时代意义。

(一)"两山论"的形成过程

"绿水青山就是金山银山"这一重要论断,是新发展理念的重要内容,是绿色发展理念的核心内容,是我们党长期探索经济发展和生态环境保护关系得出的重大科学论断,它经历了一个形成、发展、完善的过程,是习近平本人基于多层级、多岗位的工作历练和实践经验得出的重大成果。从陕北知青岁月,到赴任河北县级领导,再到调往福建、浙江任职,直到任国家领导人,习近平始终关注不同地方存在的多样化的生态环境问题,致力于实现经济发展与生态环境相和谐,从而逐渐形成了"绿水青山就是金山银山"这一重大理论创新成果。

习近平 15 岁就到陕北插队锻炼,用他自己的话说,刚到陕北时还迷茫、彷徨,但离开时已目标坚定,就是想着能让老百姓生活得好些。1982 年至 1985 年,习近平在河北省正定县先后任县委副书记、县委书记。当时,改革开放不久,各地正处于招商引资、大力发展经济的热潮中。正定县也不例外,也在集中精力开办乡镇企业,发展集体经济。虽然身处这股热潮中,但习近平依然有清醒的认识。他在 1985 年制定的《正定县经济、技术、社会发展总体规划》中强调,宁肯不要钱,也不要污染,保护环境、消除污染、治理开发利用资源、保持生态平衡,是现代化建设的重要任务。① 在当时经济还不发达、人们还不富裕的时候,习近平就能明确提出"宁肯不要钱,也不要污染",把生态平衡作为"现代化建设的重要任务",这表明他在生态环境问题上有着难得的清醒和超出常人的远见。1985 年至 1995 年,习近平先后在福建任厦门市副市长、宁德地委书记、福州市委书记,在此期间,他明确提出:"注重生态效益、经济效益和社会效益的统一,把农业作为一个系统工程来抓,发挥总体效益。"②这表明,在经济社会发展和生态环境的关系问题上,习近平很早就把

---

① 黄浩涛:《生态兴则文明兴 生态衰则文明衰——系统学习习近平总书记十八大前后关于生态文明建设的重要论述》,《学习时报》2015 年 3 月 30 日,第 1 版。
② 习近平:《摆脱贫困》,福建人民出版社 2016 年版,第 179 页。

经济效益和生态效益结合起来,并不单纯追求经济发展这一个方面。针对福建人多地少、生态资源丰富的特点,习近平指出要把生态优势、资源优势转化为经济优势、产业优势。要念好"山海经"、画好"山水画"、做好山地综合开发这篇"大文章";要稳住粮食,山海田一起抓,发展乡镇企业,农、林、牧、副、渔全面发展。他指出,"森林是水库、钱库、粮库",强调闽东经济发展的潜力在于山,兴旺在于林,要"把林业置于事关闽东脱贫致富的战略地位来制定政策"。[①] 在2002年7月的全省环保大会上,习近平指出:"加快发展不仅要为人民群众提供日益丰富的物质产品,而且要全面提高生活质量。环境质量作为生活质量的重要组成部分,必须与经济增长相适应。"[②] 把"环境质量作为生活质量的重要组成部分",表明了习近平认为经济发展不能以牺牲生态环境为代价,必须在经济发展的同时保证老百姓生活在良好的生态环境中。这次大会上首次明确了福建生态省建设的工作目标、任务和措施。同年8月,福建被列为全国第一批生态省建设试点省份。

2002年10月习近平到浙江任职,刚到新的工作地点,他就深入基层察民情、听民意、访民忧,在短短118天里,跑遍了11个市,走访了25个县。在察访中,农村生态环境问题逐渐"浮出水面",成为习近平关注的重点。在深入

---

① 胡熠、黎元生:《习近平生态文明思想在福建的孕育与实践》,《学习时报》2019年1月9日,第1版。

② 胡熠、黎元生:《习近平生态文明思想在福建的孕育与实践》,《学习时报》2019年1月9日,第1版。

调研的基础上,为改变浙江农村虽然经济比较富裕,但生态环境形势严峻这一不平衡现状,习近平亲自点题、亲自谋划、亲自部署推动"千村示范、万村整治"工程,目的就是满足人民群众经济富裕之后对良好生态环境的期待。在启动"千万工程"两年后,2005年8月15日,时任浙江省委书记的习近平到安吉余村考察。当时的余村正处于发展的十字路口,是关闭矿山走发展旅游经济的绿色发展道路,还是走开矿卖石头的传统发展道路,人们犹豫不决。在余村村委会会议室,习近平高度评价余村关闭矿区、走由"卖石头"转型"卖风景"的绿色发展道路这一决定,并且明确指出:"生态资源是最宝贵的资源,绿水青山就是金山银山。"①这是习近平首次对"两山论"进行表述。9天后,习近平在《浙江日报》"之江新语"专栏发表短评,进一步思考生态优势转变问题,提出:"如果能够把这些生态环境优势转化为生态农业、生态工业、生态旅游等生态经济优势,那么绿水青山也就变成了金山银山。绿水青山可带来金山银山,但金山银山却买不到绿水青山。"②2006年,习近平又进一步深化了对"两山论"的认识,深刻阐述了"两座山"之间内在关系的三个阶段:"第一个阶段是用绿水青山去换金山银山,不考虑或者很少考虑环境的承载能力,一味索取资源。第二个阶段是既要金山银山,但是也要保住绿水青山,这时候

---

① 《绿水青山就是金山银山——习近平同志在浙江期间有关重要论述摘编》,《浙江日报》2015年4月17日,第3版。
② 《绿水青山就是金山银山——习近平同志在浙江期间有关重要论述摘编》,《浙江日报》2015年4月17日,第3版。

经济发展和资源匮乏、环境恶化之间的矛盾开始凸显出来,人们意识到环境是我们生存发展的根本,要留得青山在,才能有柴烧。第三个阶段是认识到绿水青山可以源源不断地带来金山银山,绿水青山本身就金山银山,我们种的常青树就是摇钱树,生态优势变成经济优势,形成了浑然一体、和谐统一的关系,这一阶段是一种更高的境界。"①

2013 年 9 月,习近平在哈萨克斯坦纳扎尔巴耶夫大学演讲时的答问中,提出了目前广为人知的"两山理论",即"我们既要绿水青山,也要金山银山。宁要绿水青山,不要金山银山,而且绿水青山就是金山银山"。② 这就首次全面、系统、辩证地表达了绿水青山就是金山银山的发展观。这一新的发展观一经提出,就得到了全党的广泛认可和支持,"绿水青山就是金山银山"这一发展观于 2015 年被写进《关于加快推进生态文明建设的意见》这一中央文件。2017 年,党的十九大报告提出"必须树立和践行绿水青山就是金山银山的理念","增强绿水青山就是金山银山的意识"被写入新修订的《中国共产党章程》中。显然,"两山论"已成为我们党的重要执政理念之一。2018 年,十三届全国人大一次会议将生态文明写入宪法,同年 5 月,全国生态环境保护大会召开,"两山论"作为六项重要原则之一,为推进新时代生态文明建设指明了方向。

① 《绿水青山就是金山银山——习近平同志在浙江期间有关重要论述摘编》,《浙江日报》2015 年 4 月 17 日,第 3 版。
② 习近平:《论坚持人与自然和谐共生》,中央文献出版社 2022 年版,第 40 页。

"两山论"提出十多年来,"绿水青山就是金山银山"理念成为全党全社会的共识和行动指南,全社会贯彻绿色发展的自觉性、积极性大幅度提高。2020年3月30日,时隔15年后,习近平回到浙江安吉县余村考察。面对余村十几年来持续践行"绿水青山就是金山银山"新发展观所取得的巨大成就,他再次强调,经济发展不能以破坏生态环境为代价,生态本身就是经济,保护生态就是发展生产力。"两山理论"在日益深入的实践中彰显出真理的伟大力量,在这一重要理念引领下,我国生态文明建设迈出了更加坚实的步伐,绿色发展成就举世瞩目。

(二)既要绿水青山,也要金山银山

"既要绿水青山,也要金山银山",这句简单的话,包含着深刻的理论创新和价值观念创新。"绿水青山"指的是优质的生态环境以及与优质生态环境关联的生态产品,"金山银山"代表着经济发展以及与经济发展相关的经济收入和民生福祉。因此,"绿水青山"和"金山银山"从本质上指向生态环境保护与经济发展的关系范畴,一方面强调生态环境保护和经济社会发展相辅相成,二者不是对立的,另一方面强调我们既要经济发展,也要优美的生态环境,要把经济发展和环境优美"双赢"作为发展的重要价值标准。

"既要绿水青山,也要金山银山"之所以是新的发展观,是因为在人类工业化的历史进程中,二者兼得的局面很难出现。如何做到这二者兼得是一个历史性难题。在长期的发展过程中,人们似乎形成了一种固定认识或做法,

即认为经济发展必然会带来资源环境的破坏,这是必然的代价、无解的难题。所以,西方国家"先污染后治理"的现代化道路被认为是必须复制的发展道路。但我们党突破了这种对立思维的局限性,坚持用马克思主义的辩证思维把握二者之间的关系,认为"绿水青山与金山银山既会产生矛盾,又可辩证统一。在鱼和熊掌不可兼得的情况下,我们必须懂得机会成本,善于选择,学会扬弃,做到有所为有所不为,坚定不移地落实科学发展观,建设人与自然和谐相处的资源节约型、环境友好型社会。在选择之中找准方向,创造条件,让绿水青山源源不断地带来金山银山。"①"既要绿水青山,也要金山银山",这是重大的思想创新、理论创新、价值观念创新,是新时代中国共产党对人与自然、经济与社会关系的新认识,打破了工业化以来人们在人与自然关系上的狭隘、片面的认识。以此新的发展观念为指导,我们提出新时代中国社会主义现代化建设过程中必须实现"人与自然的和谐,经济与社会的和谐",实现经济发展和生态环境保护的双重价值,实现二者的"双赢",也即在全面深化改革中既要实现经济高质量发展,也要实现生态环境高水平保护。正如党的十九大报告所指出的:"我们要建设的现代化是人与自然和谐共生的现代化,既要创造更多物质财富和精神财富以满足人民日益增长的美好生活需要,也

---

① 《绿水青山就是金山银山——习近平同志在浙江期间有关重要论述摘编》,《浙江日报》2015 年 4 月 17 日,第 3 版。

要提供更多优质生态产品以满足人民日益增长的优美生态环境需要。"①

进入新时代,实现中华民族伟大复兴,建设社会主义现代化强国,最根本的还是要以强大的经济实力为基础。新时代的经济发展应该内含着对生态环境的保护,生态环境保护也理应成为经济发展的内在要素。生态作为发展的基础和条件,本身就是生产力的重要组成部分。山林河流矿藏作为生产资料,如果被污染、被耗竭,就必然限制生产力的发展,影响经济可持续发展。实现经济社会发展与生态环境保护和谐共生,从整体上维护人的发展与自然生态系统的动态平衡,实际上是人类社会诞生以来亘古不变的主题。马克思指出:"全部人类历史的第一个前提无疑是有生命的个人的存在……任何历史记载都应当从这些自然基础以及它们在历史进程中由于人们的活动而发生的变更出发。"②"只有在社会中,自然界才是人自己的人的存在的基础。只有在社会中,人的自然的存在对他来说才是他的人的存在。"③因而,绿水青山和金山银山,两者是辩证统一的,都是人类经济社会发展的重要因素,不可偏颇。

道理虽如上,西方各发达国家在工业化过程中却走了一条以牺牲生态环

---

① 习近平:《决胜全面建成小康社会　夺取新时代中国特色社会主义伟大胜利——在中国共产党第十九次全国代表大会上的报告》,人民出版社2017年版,第50页。
② [德]卡尔·马克思,[德]弗里德里希·恩格斯:《马克思恩格斯选集》(第一卷),中共中央马克思恩格斯列宁斯大林著作编译局编译,人民出版社1995年版,第67页。
③ [德]卡尔·马克思,[德]弗里德里希·恩格斯:《马克思恩格斯全集》(第四十二卷),中共中央马克思恩格斯列宁斯大林著作编译局编译,人民出版社1979年版,第122页。

境为代价换取经济发展的道路,我们国家也没能完全避免"先污染后治理"的老路。人类发展过程中的教训不得不让我们思索什么是发展以及如何实现发展的问题。我国仍处于社会主义初级阶段,所以发展是第一位的,但搞清楚什么是发展以及如何实现发展,是我们开展各项工作和正确行动的前提,也是必须从思想和理论上彻底搞清楚的问题。世界上没有可以凭空变出金银财宝的聚宝盆、摇钱树,那么财富从哪里来?马克思唯物史观始终认为,社会财富的创造和积累,是通过人类的辛勤劳动,从大自然中创造而来。没有大自然,人类什么也创造不出来。人类在长期的生产斗争和生产实践、科学实验中,不断地认识自然、利用自然、改造自然,让自然为人类谋利益,推动人类社会不断前进。改革开放以来,我国经济快速发展,造成了生态环境恶化、资源浪费等问题,毁山开矿、填塘建厂、"两高一低"项目匆匆上马等现象普遍发生。人、经济社会与自然各领域不平衡、不协调、不可持续的矛盾非常突出。总体来看,这个时期,恰恰处于我们党所说的"既要绿水青山,也要金山银山"的阶段。在这一阶段,我们既面临着发展的繁重任务,也意识到了生态环境给经济社会发展带来的压力。"我国生态环境矛盾有一个历史积累过程,不是一天变坏的,但不能在我们手里变得越来越坏,共产党人应该有这样的胸怀和意志。"①这个意志和胸怀,就是我们既要发展经济,也要把生态环

---

① 中共中央文献研究室:《习近平关于社会主义生态文明建设论述摘编》,中央文献出版社 2017 年版,第 8 页。

境治理好。在这一新的发展理念指导下,我们党以强烈的历史担当,开启了生态文明建设新时代。

新时代,发展仍是第一要务,发展仍是根本要求。但是,我们对发展提出了更高的要求,就是要实现高质量发展,实现保护生态环境的发展。习近平指出:"如果仍是粗放发展,即使实现了国内生产总值翻一番的目标,那污染又会是一种什么情况?届时资源环境恐怕完全承载不了。"①这就警示我们,发展经济固然重要,却不能以破坏自然环境为代价。如果资源能源都用完了,环境都污染了,发展也就难以为继。以牺牲环境为代价的发展,其发展过程伤害到人自身,这样的发展又是为了什么?因此,我们现阶段追求的发展是既要金山银山也要绿水青山的发展,这是一种更高级的发展。坚持这种发展既是对人民负责,也是对历史负责,更是对子孙后代负责。

(三)宁要绿水青山,不要金山银山

当经济发展与生态环境保护这一矛盾真正呈现在我们面前的时候,究竟该如何选择?当前仍然存在的大量生态环境问题告诉我们,当遇到二者矛盾时,选择成了一个大问题。比如,保护区"缩水"问题,违规填湖问题,违法排污问题,非法采矿问题,等等。可见,在经济发展过程中,当生态环境保护和经济发展遇到矛盾的时候,牺牲生态环境为经济发展让路的现象比比皆是。

---

① 中共中央文献研究室:《习近平关于社会主义生态文明建设论述摘编》,中央文献出版社 2017 年版,第 5 页。

对于这一现象,我们党态度和立场非常明确:"中国明确把生态环境保护摆在更加突出的位置。我们既要绿水青山,也要金山银山。宁要绿水青山,不要金山银山,而且绿水青山就是金山银山。我们绝不能以牺牲生态环境为代价换取经济的一时发展。"①这段话,对我们如何进行选择提出了明确的要求,也就是一旦经济发展与生态环境保护发生冲突和矛盾时,宁要绿水青山,不要金山银山。这是新的发展理念、新的价值选择,也是对传统发展道路的创新和超越。它告诉我们,当经济发展和生态环境保护发生矛盾的时候,必须毫不犹豫地把生态环境保护放在首位,绝不可再走用绿水青山去换金山银山的老路。这既彰显了党中央对加强生态环境保护的坚定意志和坚强决心,也是对人类社会发展经验教训的总结,表明我们党对中国特色社会主义现代化建设规律认识的进一步深化。

当今,全球巨大的人口总数及消费水平的不断提高,意味着对各种自然资源的需求空前提高,生产力的巨大进步和生产技术的重大突破也使人类改造自然的能力空前提高,在这样的背景下,人类对自然资源的消耗速度大大超过了其自身修复速度,人类活动产生的大量生产生活垃圾以及有毒有害物质超过了生态环境的承载能力。人类的生存环境不断恶化,被污染的空气、被污染的水源、重金属污染的土壤所生产的有毒有害农产品损害着人们的健

---

① 中共中央文献研究室:《习近平关于社会主义生态文明建设论述摘编》,中央文献出版社 2017 年版,第 20—21 页。

康。气候在变暖,资源在枯竭,生态在退化,贫富差距在加大。城市边界无限制地扩张,台风、洪水、干旱、地震等自然灾害在人为影响下连年增加,人类社会的发展面临难以为继的困难。此外,对煤炭、石油等不可再生资源的破坏性、浪费性开采使用;对生物类资源的破坏导致的物种灭亡、生物多样性减少;生物的、非生物的破坏相互影响、相互推动等,共同造成生态环境恶化,地球生态环境濒临人类生存环境的极限。这样的发展道路是前车之鉴,我们决不能再重复这样的选择。

我国是一个拥有 14 亿多人口的大国,要把规模如此巨大的人口带入现代化,走欧美走过的现代化道路是走不通的。西方国家在现代化过程中,无论是自然资源还是环境承载空间,基本是充裕的,因此他们在发展过程中并没有出现我国发展所面临的资源短缺、生态空间有限等问题。依靠包括殖民地国家甚至是全球的资源,资本主义得到快速发展。但如今,情况发生了根本性变化,后发国家包括我国的现代化发展面临严重的全球性自然资源的制约,我们不可能再走西方发达国家走过的先污染后治理的老路,而必须走一条新的道路,这就是人与自然和谐共生的现代化发展道路。建设人与自然和谐的现代化,必须改变过去主要以投入资源能源要素促进经济增长的增长模式,也不能等到生态破坏、环境污染后再治理,那就迟了。因此,习近平指出:

"对破坏生态环境的行为，不能手软，不能下不为例。"①这即明示我们，保护绿水青山就是当下的事情，就是今天的事情，不能只顾经济发展不顾生态环境保护。一些地方领导干部，在传统的政绩观引导下，在发展过程中一味追求 GDP(国内生产总值)，以 GDP 论英雄，以绿水青山换金山银山，为了任期内的 GDP 增长，通过招商引资引来了一些资源消耗高、环境污染重的项目，在环境影响评价上走形式、走过场，不该上马的污染企业上马了，不该审批的违规项目审批了，对环境违规违法企业睁一只眼闭一只眼。这种唯 GDP 至上的发展方式只能使少数人得利，却极大地损害了广大人民群众的根本利益。这样的发展绝不可以再继续下去，必须坚决终止用绿水青山换取金山银山的竭泽而渔局面。

"我们的发展是为了什么？为了让人民过得更好一些。但是，如果付出了高昂的生态环境代价，把最基本的生存需要都给破坏了，最后还要用获得的财富来修复和获取最基本的生存环境，这就是得不偿失的逻辑怪圈。"②这段话说明，我们为什么宁要绿水青山，不要金山银山，是因为用绿水青山去换金山银山这条道路既不经济，也不科学。破坏了绿水青山，破坏了生态环境，也就丧失了经济发展的基本条件，丧失了金山银山赖以存在的根基。生态环境一旦被破坏，想要修复不但非常困难，而且花费大、周期长。但只要保持好

① 中共中央文献研究室：《习近平关于社会主义生态文明建设论述摘编》，中央文献出版社 2017 年版，第 107 页。

② 习近平：《论坚持人与自然和谐共生》，中央文献出版社 2022 年版，第 64 页。

绿水青山，就有了发展的本钱，正所谓"留得青山在，不怕没柴烧"。有了绿水青山，就有了永续发展的根基，因为绿水青山就是生态优势，而生态优势就是经济优势。绿水青山可以带来金山银山，但是金山银山买不到绿水青山，没有绿水青山，金山银山亦不可得。故当二者发生矛盾时，宁要绿水青山，不要金山银山。因此，我们必须坚守环境的底线，更加重视生态环境，保护和利用好生态环境，才能更好地发展生产力，在更高层次上实现人与自然的和谐共生。

"宁要绿水青山，不要金山银山"，实际上是新时代生态文明建设原则"坚持节约优先、保护优先"原则的重要体现，它强调在发展中要把生态建设和环境保护放在优先位置，不能因为发展破坏生态环境，强调在"保住绿水青山"的基础上实现可持续发展，是"既要绿水青山，也要金山银山"思想的再升华，是对马克思主义哲学"两点论"和"重点论"的统一，贯穿了人与自然和谐发展，人要尊重自然、顺应自然、保护自然的基本理念。

(四)绿水青山就是金山银山

党的十八大以来，在发展中实现保护，在保护中促进发展，是新时代实现高质量发展的必然要求，也是发展的一种新的境界。要达到这种新的境界，必须坚持"绿水青山就是金山银山"的发展理念，走绿色发展道路。

"绿水青山就是金山银山"这一新发展观，是对传统发展观的超越。传统发展观认为，经济发展和生态环境保护是对立的，发展必然会带来生态环境的破坏,二者是"鱼"和"熊掌"的关系,不可兼得。在很多地方,更是以 GDP 论英雄,只追求 GDP 数字的增大,导致生态环境遭到破坏,而这就是传统发展观的必然结果。当然,也有另外一种观念,认为保护生态环境就要以牺牲甚至放弃经济发展为代价,这就在某种程度上成为地方政府懒政、惰政、不作为的借口。"绿水青山就是金山银山"新发展观的提出,从根本上超越了传统发展观思维的片面性和单一性,确立了新的生态思维方式,对于改变传统的片面认识具有重要理论意义和实际指导价值。"绿水青山就是金山银山"的论断也深刻揭示了生态文明建设中生态价值实现和生态价值增值的规律,进一步发展和完善了马克思主义价值理论。

贯彻"绿水青山就是金山银山"的发展观,实际上就是在经济发展和生态环境保护方面都上一个台阶。绿色发展不是不要发展,而是实现更高级的发展。一方面,必须保护生态、修复环境,经济增长不能再以大量消耗资源和破坏环境为代价,而要通过转变经济增长方式和优化产业结构,引导生态驱动型、生态友好型产业的发展,即实现经济的生态化;另一方面,必须实现生态环境的价值化。生态环境就是生产力,就像习近平指出的:"为什么说绿水青山就是金山银山?'鱼逐水草而居,鸟择良木而栖。'如果其他各方面条件都具备,谁不愿意到绿水青山的地方来投资、来发展、来工作、来生活、来旅游?

从这一意义上说,绿水青山既是自然财富,又是社会财富、经济财富。"①要更加合理地利用资源,减少过度消耗和浪费。破坏了绿水青山,就是在破坏生产力。要有效保护绿水青山,其中一个重要方式就是根据自然资源的稀缺性赋予它合理的市场价格,进行有偿的交易和使用。这样做一举两得,既可实现生态的经济化,也可用经济方式促进自然资源保护。

关于生态环境就是生产力这一观点,习近平有许多重要论述。2013 年 4 月,他在海南考察工作时,提出希望海南能够处理好发展和保护的关系,为子孙后代留下可持续发展的"绿色银行"。2016 年 2 月,在江西考察工作时,习近平语重心长地嘱咐:"绿色生态是最大财富、最大优势、最大品牌,一定要保护好,做好治山理水、显山露水的文章,走出一条经济发展和生态文明水平提高相辅相成、相得益彰的路子。"②2018 年 4 月,习近平再度考察海南时强调:"青山绿水、碧海蓝天是海南最强的优势和最大的本钱,是一笔既买不来也借不到的宝贵财富,破坏了就很难恢复。要把保护生态环境作为海南发展的根本立足点。"③习近平的"生态环境财富论",从自然、生态、社会、经济等多方面肯定了生态环境的价值,这大大超越了我们以往对生态环境价值的认识。生态环境并不仅仅具有经济价值,而且具有更为重要的生态价值,只有

---

① 中共中央文献研究室:《习近平关于社会主义生态文明建设论述摘编》,中央文献出版社 2017 年版,第 23 页。
② 中共中央文献研究室:《习近平关于社会主义生态文明建设论述摘编》,中央文献出版社 2017 年版,第 33 页。
③ 习近平:《论坚持人与自然和谐共生》,中央文献出版社 2022 年版,第 89 页。

保护好生态环境这笔宝贵的自然财富、生态财富,才能在此基础上创造更多的社会财富和经济财富。因此,我们要"让绿水青山充分发挥经济社会效益,不是要把它破坏了,而是要把它保护得更好"。① 经济生态化的发展需要我们找准正确的发展路径,以高质量发展为主题,以结构调整为抓手,转方式、调结构、改导向、提质量;生态经济化的推进需要我们推动产权制度化,实施水权、矿权、林权、渔权、能权等自然资源产权的有偿使用和交易制度,实施生态权、排污权等环境资源产权的有偿使用和交易制度,实施碳权、碳汇等气候资源产权的有偿使用和交易制度等。

建设富强民主文明和谐美丽的社会主义现代化强国,我们必须立足发展理念和发展方式的根本转变,实现更高质量和更可持续的发展。变绿水青山为金山银山,实现发展转型,调整经济结构,是突破资源环境瓶颈制约,实现可持续发展的必然选择。"绿水青山和金山银山决不是对立的,关键在人,关键在思路。"②因此,实现经济社会绿色发展转型,我们要充分发挥人的积极性和主观能动性,这是必不可少的。但是,发挥人的积极性和主观能动性必须满足一个前提,就是要合乎自然规律,要坚决摒弃否定自然、征服自然、改造自然的机械主义观点,从更深层面把握人与自然的辩证关系。比如,习近

---

① 中共中央文献研究室:《习近平关于社会主义生态文明建设论述摘编》,中央文献出版社 2017 年版,第 23 页。
② 中共中央文献研究室:《习近平关于社会主义生态文明建设论述摘编》,中央文献出版社 2017 年版,第 23 页。

平在参加十二届全国人大二次会议贵州代表团讨论时指出："你们提出要推进传统产业生态化、特色产业规模化、新兴产业高端化,这个思路总的是对的。在这方面,有两点需要把握好,重点下功夫。一是要着力发展能够发挥生态环境优势的产业……二是要着力发展环境友好型、生态友好型产业。"①这就为贵州如何把绿水青山变为金山银山指明了方向。

对绿水青山与金山银山辩证关系的深刻认识,是我们党长期领导经济社会发展的实践与思考,是对新时代社会主义现代化建设规律的深刻把握,是坚持以人民为中心发展理念的重要体现。"绿水青山就是金山银山"这一新的发展观,为新时代如何发展、实现什么样的发展指明了前进方向,在把握自然规律、经济规律、社会规律的和谐统一的基础上,提出了实现经济发展和生态环境保护协同共生的新路径,开辟了人与自然关系理论的新境界。

三、坚持良好生态环境是最普惠的民生福祉的生态民生观

中国共产党作为人民利益的忠实代表者,始终坚持立党为公、执政为民,在改革发展过程中始终把民生建设放在重要位置。新时代,我国社会主要矛盾已经转化为人民日益增长的美好生活需要和不平衡不充分的发展之间的矛盾,人民对美好生活有着更高的期待,这就对民生建设提出了更高的要求。我们要在发展中补齐民生短板、促进社会公平正义,在幼有所育、学有所教、劳有所得、病有所医、老有所养、住有所居、弱有所扶上不断取得新进展,着力

---

① 习近平:《论坚持人与自然和谐共生》,中央文献出版社 2022 年版,第 64—65 页。

解决民生事业发展不平衡不充分问题,努力满足人民群众对美好生活的需要。

(一)把良好生态作为最普惠的民生福祉,源自我们党全心全意为人民服务的根本宗旨

我们党始终坚守初心使命,把改善民生、造福人民作为永远不变的价值追求。不断满足人民群众对良好生态环境的期盼,是新时代坚持以人民为中心发展思想的必然要求。在实践中,我们党把生态环境保护作为重要的民生问题,给予高度重视。习近平指出:"良好生态环境是最公平的公共产品,是最普惠的民生福祉。"①他多次强调:"环境就是民生,青山就是美丽,蓝天也是幸福。要像保护眼睛一样保护生态环境,像对待生命一样对待生态环境。"②把生态环境保护作为重要的民生问题,指明了新时代推进生态文明建设必须坚持的重大原则,深刻揭示出生态环境保护的本质内涵和最终目标,体现了我们党以人民群众的根本利益为中心的为民情怀。这既是以人为本执政理念的具体表现,又丰富和发展了民生的基本内涵。

"发展经济是为了民生,保护生态环境同样也是为了民生。"③过去我们所讲的民生问题主要是指衣、食、住、行、教育、医疗等问题,环境问题并没有

① 中共中央文献研究室:《习近平关于社会主义生态文明建设论述摘编》,中央文献出版社 2017 年版,第 4 页。

② 中共中央文献研究室:《习近平关于社会主义生态文明建设论述摘编》,中央文献出版社 2017 年版,第 8 页。

③ 习近平:《习近平谈治国理政》(第三卷),外文出版社 2020 年版,第 362 页。

被包括于其中。通常,我们认为生态环境保护只是经济问题或者技术问题,由经济部门或技术部门来解决。但其实,生态环境保护也属于民生问题,因为环境问题与其他问题一样,与普通百姓的切身利益息息相关。首先,良好的生态环境是人的生命最基本的必需品。人要生存,就需要空气、需要水、需要食物。因此,大气、水、阳光、土壤等这些环境要素是每个人的生命存在的必需品。人要健康地活着,就必然要求这些生态产品是充足的、清洁的、不受污染的、对人的健康没有损害的。其次,生态产品具有公共性。良好的生态产品大多是公共产品,不具有排他性,每一个人都能享受得到。因此,生态环境问题是影响每一个人切身利益的直接问题、现实问题,政府承担着维护生态产品供应的责任。在经济社会发展的早期,各种生态环境问题并不突出,大部分生态要素是充足的,所以政府在这方面应承担的责任并不明显。然而,随着经济社会的发展,企业在发展过程中产生了严重的环境"负外部性"问题,其中大多数企业并没有解决自身产生的环境污染问题,比如企业的"三废"排放污染了空气、河流、土壤,但企业并没有承担相应的治理责任,在这种情况下,政府就要承担起治理生态环境污染的公共责任。改革开放以来,我国的环境污染问题日益凸显,与某些小集体小单位只顾自己的局部利益有密切关系。某些企业为节省成本,甚至偷排偷放,把企业和个人应该承担的责任推卸给国家和社会。再次,以往普通老百姓能够普遍享受到的干净的水、新鲜的空气、放心的食品,现在却越来越难了,甚至在某些时候某些地方都成了奢侈品。这种状况更加突出了政府在提供良好的生态产品方面的责任。

深刻体察并着力解决影响百姓利益的现实问题,是我们党新时代治国理政的发力点。把生态环境保护作为重大的民生问题,凸显了生态环境保护在民生事业中不可或缺的地位,充分体现了以习近平同志为核心的党中央深厚的人民情怀。让广大人民群众都能享有蓝天碧水和新鲜的空气,是新时代我们党始终把人民放在心中最高的位置、始终全心全意为人民服务、始终为人民利益和幸福而努力奋斗的必然选择。生态文明的理念早在 2007 年就写入了党的十七大报告,并包含着"生产发展、生活富裕、生态良好"的"三生共赢"的丰富内涵。党的十八大进一步把生态文明建设纳入国家发展的战略高度,把良好生态环境作为现代化建设的重要价值追求。"经济发展、GDP 数字的加大,不是我们追求的全部,我们还要注重社会进步、文明兴盛的指标,特别是人文指标、资源指标、环境指标;我们不仅要为今天的发展努力,更要对明天的发展负责,为今后的发展提供良好的基础和可以永续利用的资源和环境。"[1]这里明确指出社会发展进步,不仅仅是 GDP 数字的增大,还包括资源环境的不断改善,让人们吃得、喝得更安全,居住的环境更优美。2016 年 8 月,习近平在全国卫生与健康大会上的讲话又特别指出:"要按照绿色发展理念,实行最严格的生态环境保护制度,建立健全环境与健康监测、调查、风险

---

[1] 《绿水青山就是金山银山——习近平同志在浙江期间有关重要论述摘编》,《浙江日报》2015 年 4 月 17 日,第 3 版。

评估制度,重点抓好空气、土壤、水污染的防治,加快国土绿化,治理和修复土壤特别是耕地污染,全面加强水源涵养和水质保护,综合整治大气污染特别是雾霾问题,全面整治工业污染源,切实解决影响人民群众健康的突出环境问题。"①健康问题是事关百姓切身利益的民生问题,生态环境影响群众健康,当然也成为重要的民生问题。党的十九大报告进一步将良好的生态环境作为人民群众美好生活需要的重要组成部分,明确新时代我们党执政的重要任务是要提供更多优质生态产品以满足人民日益增长的优美生态环境需要。对人的生存和发展来说,金山银山固然重要,绿水青山同样十分重要,它是人民幸福生活的基本保障和内在要求,是金山银山不能代替的。把生态环境问题作为重要的民生命题,这就明确了社会主义生态文明建设的政治立场和价值取向,是党的初心使命在建设社会主义现代化强国过程中的具体体现。

(二)让良好生态成为最普惠的民生福祉,源自广大人民群众对良好生态环境的热切期盼

改革开放以来,我国经济快速发展,人民的物质文化生活水平得到了极大提高,这在很大程度上提升了百姓的幸福感和获得感。随着经济的持续发展,各种生态环境问题逐渐显现,环境污染、生态破坏以及因此造成的食品安全问题困扰和影响着百姓生活,使百姓的幸福感和获得感大打折扣。江河湖

---

① 中共中央文献研究室:《习近平关于社会主义生态文明建设论述摘编》,中央文献出版社 2017 年版,第 90—91 页。

海大面积污染,黑臭水体围绕着城市和村庄,地下水被污染,饮用水水质超标;空气污染严重,重污染天气增多,以雾霾为代表的污染天气频繁出现;土壤污染状况不容乐观,铬、镉等重金属污染耕地,毒大米和蔬菜上了百姓餐桌;重大环境污染事故频繁爆发,饮用水源遭受污染,等等。所有这些问题,严重威胁着百姓的工作、生活和身体健康,成为影响百姓幸福生活的突出问题。

生态环境是人民群众生活的基本条件和社会生产的基本要素,是最广大人民的根本利益所在。生态环境保护得好,全体公民就受益;生态环境遭到破坏,全体公民就遭殃。生态环境的状况和质量,直接影响人们的生存状态,影响社会的发展水平,并最终决定文明的兴衰成败。老百姓不仅要物质生活富裕,还要在良好的生态环境中生产生活。我们党深刻地体察到了这一点,"人民对美好生活的向往,就是我们的奋斗目标",①"把生态文明建设放到更加突出的位置。这也是民意所在"。② 当前,人民群众不是对国内生产总值的增长速度不满,而是对生态环境不满。我们一定要明白,随着经济社会的发展,人民群众到底要什么? 在社会发展的低级阶段,人们为生存而挣扎、努力求温饱,贫穷落后是社会治理的主要着力点;同时,受限于劳动力水平,人类对环境的开发利用速度远低于生态环境的自我修复速度,生态环境问题作

---

① 习近平:《习近平谈治国理政》(第一卷),外文出版社 2018 年版,第 3 页。
② 中共中央文献研究室:《习近平关于社会主义生态文明建设论述摘编》,中央文献出版社 2017 年版,第 83 页。

为现实的民生问题尚未凸显出来。近现代科学技术得到迅猛发展，一方面，它给人类的生产生活带来极大的便利，人类社会也因此得以不断发展向前；另一方面，基于自然资源被过度开发、透支，其消耗速率超过再生速率，污染物质的排放量超过环境容量，由此产生的生态环境问题不断显现，严重威胁人类的生命健康。

环境问题成为民心之痛、民生之患，人民群众"盼环保""求生态"成为历史的必然。2014 年 APEC（亚太经合组织）会议期间，曾经污染严重的北京市出现了久违的蓝天白云。人们对"APEC 蓝"的出现感到兴奋不已，热议"APEC 蓝"，希望"APEC 蓝"能够成为一种新常态。这说明，干净的水、清新的空气、安全的食品、优美的环境等这些原本最平常的东西，在经济社会发展中成了稀缺品。现在，我们必须把这些失去的东西重新找回来。对于党和政府来说，大力推进生态文明建设，不断提供更多优质生态产品，积极回应人民群众的所想、所盼和所急，应作为重要的民生工程。

改革开放以来，我们党始终把建设良好的生态环境作为坚持以人民为中心的重要内容，把满足人民的要求、维护人民的利益落实到中国特色社会主义生态文明建设实践中。党的十八大以来，以习近平同志为核心的党中央更加重视民生、关注民生，把生态环境问题当作重大的民生问题来解决。"环境就是民生,青山就是美丽,蓝天也是幸福。"①一句"环境就是民生",鲜明地表达了生态环境在民生中的重要地位,回应了人民群众对优美生态环境的热切期盼。以习近平同志为核心的党中央将生态环境问题提升到经济、社会乃至政治的高度,把它当作重大的经济、社会和政治问题来加以重视和解决。习近平指出:"各地雾霾天气多发频发,空气严重污染的天数增加,社会反映十分强烈,这既是环境问题,也是重大民生问题,发展下去也必然是重大政治问题。"②这意味着,如果生态环境恶化的趋势不能从根本上得到扭转,人民群众对美好生活的需求就得不到满足,我们不仅难以实现经济的持续发展,还可能引发严重的社会矛盾,甚至动摇党的执政基础。由此,习近平指出:"从老百姓满意不满意、答应不答应出发,生态环境非常重要;从改善民生的着力点看,也是这点最重要。"③

基于生态环境是重要民生问题的这一深刻认识,以习近平同志为核心的党中央对人民日益增长的优美生态环境需要给予了持续、充分的回应。习近平强调:"生态环境保护是功在当代、利在千秋的事业。在这个问题上,我们没有别的选择。全党同志都要清醒认识保护生态环境、治理环境污染的紧迫性和艰巨性,清醒认识加强生态文明建设的重要性和必要性,真正下决

---

① 中共中央文献研究室:《习近平关于社会主义生态文明建设论述摘编》,中央文献出版社 2017 年版,第 12 页。

② 习近平:《论坚持人与自然和谐共生》,中央文献出版社 2022 年版,第 49 页。

③ 中共中央文献研究室:《习近平关于社会主义生态文明建设论述摘编》,中央文献出版社 2017 年版,第 83 页。

心把环境污染治理好、把生态环境建设好,为人民创造良好生产生活环境。"①2018 年 5 月,习近平在全国生态环境保护大会上提出了一系列振奋人心的生态文明建设任务和目标,其中许多内容都着眼于改善民生。比如,针对最突出的环境污染问题,明确提出坚决打赢"蓝天保卫战",还老百姓蓝天白云、繁星闪烁;深入实施水污染防治行动计划,还老百姓清水绿岸、鱼翔浅底;全面落实土壤污染防治行动计划,让老百姓吃得放心、住得安心;持续开展农村人居环境整治行动,为老百姓留住鸟语花香田园风光,等等。可以说,这些理论和实践展示了新时代中国特色社会主义民生建设的新方向,也为解决我国生态环境问题提供了一个崭新的视角。

(三)让良好生态成为最普惠的民生福祉,就要把解决突出生态环境问题作为民生优先领域

把生态环境问题作为重大民生问题,就必须解决影响百姓切身利益的重大现实问题。比如,雾霾天气频发、垃圾围城、饮水不安全、土壤重金属含量超标等环境问题,都必须进行严格治理。正如习近平所要求的:"有利于百姓的事再小也要做,危害百姓的事再小也要除。打好污染防治攻坚战,就要打几场标志性的重大战役,集中力量攻克老百姓身边的突出生态环境问题。当前,重污染天气、黑臭水体、垃圾围城、农村环境已成为民心之痛、民生之患,

---

① 中共中央文献研究室:《习近平关于社会主义生态文明建设论述摘编》,中央文献出版社 2017 年版,第 7 页。

严重影响人民群众生产生活,老百姓意见大、怨言多,甚至成为诱发社会不稳定的重要因素,必须下大气力解决好这些问题。要集中优势兵力,动员各方力量,群策群力,群防群治,一个战役一个战役打,打一场污染防治攻坚的人民战争。"①

民生是事关老百姓生存发展的最根本问题,涉及衣、食、住、行等各领域。关于民生,我们在就业、教育、医疗、保险等各个方面都面临着不少困难和挑战,面临着艰巨的改革任务,需要解决的问题、难题仍然很多,需要投入的时间、金钱、精力也很多。但在各领域都需要投入的情况下,我们党仍然坚定不移地把生态环境问题作为解决民生问题的优先领域。作为公共产品,良好的生态环境是惠及所有人的,是最公平的公共产品。新鲜的空气、美丽的风景是所有人都可以享受到的,这就凸显了生态环境问题作为民生问题的公共性,从而也决定了其优先性。

习近平指出:"现在,我们已到了必须加大生态环境保护建设力度的时候了,也到了有能力做好这件事情的时候了。一方面,多年快速发展积累的生态环境问题已经十分突出,老百姓意见大、怨言多,生态环境破坏和污染不仅影响经济社会可持续发展,而且对人民群众健康的影响已经成为一个突出的民生问题,必须下大气力解决好。另一方面,我们也具备解决好这个问题的条件和能力了。过去由于生产力水平低,为了多产粮食不得不毁林开荒、毁

---

① 习近平:《论坚持人与自然和谐共生》,中央文献出版社 2022 年版,第 16 页。

草开荒、填湖造地,现在温饱问题稳定解决了,保护生态环境就应该而且必须成为发展的题中应有之义。"①把保护生态环境作为发展的题中应有之义,表明我们的发展不仅要满足人民在物质生活方面的需求,而且要满足人民对良好生态环境的需求。"对破坏生态环境、大量消耗资源、严重影响人民群众身体健康的企业,要坚决关闭淘汰。如果破坏生态环境,即使是有需求的产能也要关停,特别是群众意见很大的污染产能更要'一锅端'。"②"对人的生存来说,金山银山固然重要,但绿水青山是人民幸福生活的重要内容,是金钱不能替代的。你挣到了钱,但空气、饮用水都不合格,哪有什么幸福可言!"③其中最为重要的,就是不能在发展过程中摧残人自身生存的环境。如果生态资源环境出现严重偏差,还有谁能够安居乐业? 和谐社会又从何谈起? 我们党把经济社会发展和解决民生问题统筹起来,在经济社会发展中解决民生问题,这就把民生建设推向了一个良性发展、可持续发展的新境界。同时,我们党也强调,生态文明建设是人民群众共同参与、共同享有的事业,每个人都是生态环境的保护者、建设者、受益者。要在全社会传播生态文明建设理念,让建设美丽中国成为全体人民的自觉行动,不断增强全民节约意识、环保意识、生态意识,培育全民生态道德和行为准则。

---

① 中共中央文献研究室:《习近平关于社会主义生态文明建设重要论述摘编》,中央文献出版社2017年版,第14页。
② 中共中央文献研究室:《习近平关于社会主义生态文明建设重要论述摘编》,中央文献出版社2017年版,第84页。
③ 习近平:《论坚持人自然和谐共生》,中央文献出版社2022年版,第26—27页。

四、坚持全方位、全地域、全过程的生态整体观

建设生态文明,必须坚持科学的自然观和正确的方法论。党的十八大以来,习近平从生态文明建设的整体出发,提出"山水林田湖草沙是生命共同体"的重大论断,强调"统筹山水林田湖草沙系统治理""全方位、全地域、全过程开展生态文明建设"。"山水林田湖草沙是生命共同体"及其系统治理理念是我国生态文明建设的核心内容之一,这一理念兼具价值内涵、科学内涵及治理内涵等,为新时代生态文明建设奠定了科学的世界观和方法论。我们要遵循生命共同体的科学理念,将系统思维、生态思维纳入辩证思维当中,统筹兼顾、整体施策、多措并举,动员和组织人民群众,按照自然、社会和人类有机统一的系统工程的方式方法推进生态文明建设。

(一)"山水林田湖草沙是生命共同体"系统思想的科学内涵

"山水林田湖草沙是生命共同体"系统思想的提出具有很强的问题针对性,也具有很强的科学性。多年的社会经济快速发展过程中,很多地方"靠山吃山、靠水吃水",结果山变秃了,水变脏了,矿变空了,草地沙化、荒漠化,水土流失严重。这种竭泽而渔、焚林而猎的掠夺性发展方式使得生态系统伤痕累累,"山水林田湖草沙"遭受到不同程度的破坏,生态系统的完整性和系统性遭受重创。要恢复"山水林田湖草沙"这一生命共同体的生机,需要加强对受伤的生态系统的统一保护与修复。

2013 年 11 月,习近平在《关于〈中共中央关于全面深化改革若干重大问

题的决定〉的说明》中,首次提出"山水林田湖是一个生命共同体"的科学论断:"山水林田湖是一个生命共同体,形象地讲,人的命脉在田,田的命脉在水,水的命脉在山,山的命脉在土,土的命脉在树……如果破坏了山、砍光了林,也就破坏了水,山就变成了秃山,水就变成了洪水,泥沙俱下,地就变成了没有养分的不毛之地,水土流失、沟壑纵横。"[①]这一重大论断,让我们首次看到了大自然各不相同的部分是如何相互联系、成为一个有机整体的。山水林田湖草沙各自有不同的作用,但它们是相互关联、相互影响的,一个方面遭到破坏,必然会影响到另一个方面,这让我们初步认识到自然生态各要素的相互联系和相互作用。2017 年 7 月,中央全面深化改革领导小组第三十七次会议将"草"的内容补充纳入。随后,党的十九大报告提出,"像对待生命一样对待生态环境,统筹山水林田湖草系统治理。"至此,我们党形成了系统的生态整体观和生态治理观。

在传统的空间内涵上,人们很难把这些分布于不同空间的生态要素联系起来。在传统的认知中山水属于一个空间系统,林田草属于另一个空间系统。山分为山地和丘陵,山地的海拔高度在 500 米以上,其中又可分为极高山、高山、中山和低山;丘陵则是指海拔高度在 500 米以下,相对高度差在 200 米以下的起伏地形,按相对高度又可划分为缓丘陵、低丘陵、中丘陵以及高丘

---

① 中共中央文献研究室:《习近平关于社会主义生态文明建设论述摘编》,中央文献出版社 2017 年版,第 55—56 页。

陵。水包含河流及湖泊等,按流域面积和水域面积大小不同,分为河流廊道、湖泊、水库和湿地。其中河流廊道依据流域面积又可划分为干流、主要支流和其他支流。林包括林地、灌木林地和其他林地。田泛指田园,包括水田、水浇地、旱地、果园、茶园和其他园地。草包括天然牧草地、人工牧草地和其他草地。正是由于自然地理的不同,生存于其上的社会经济发展也不相同,而对山水林田湖草沙等的治理工作也分属于国家不同的部门,所以,人们往往认为这些不同的生态要素互不关联。在治理方面,往往治水的只管治水,护林的只管护林。但实际上,山水林田湖草沙相互影响、相互关联,与人类共同组成了一个有机、有序的"生命共同体"。

"山水林田湖草沙"是有机的自然生态系统。在自然界,某些要素看似独立存在,但其实彼此之间有着肉眼看不见的紧密联系,通过能量和物质的交换与其生存的环境不可分割地相互联系、相互作用着,形成一个统一的整体,这样的整体就是生态系统。整个生态系统各要素之间的关系大致是这样的:田者产出谷物,人类赖以维系生命;水者滋润田地,使之永续利用;山者凝聚水分,涵养土壤;山水土地(涵盖气候与地形等)构成生态系统中的物质环境。大自然中不同的要素形成一个有机的系统,缺少了哪一部分,都会对系统整体造成影响。一个完整的生态系统包含山水林田湖草沙等要素,保持这些要素之间的有机联系和平衡,是人类社会可持续发展的重要保障。在整个生态系统中,每个要素的存在彼此互为前提和结果,任何一个要素被破坏都会引发连锁反应。

习近平对山水林田湖草沙等各要素在整个生态系统中的地位和作用及保护都有许多相关论述。关于"山"，习近平指出："秦岭和合南北、泽被天下，是我国的中央水塔，是中华民族的祖脉和中华文化的重要象征。保护好秦岭生态环境，对确保中华民族长盛不衰、实现'两个一百年'奋斗目标、实现可持续发展具有十分重大而深远的意义。"①秦岭是中国南北气候的分水岭，是涵养 800 里秦川的一道重要生态屏障，具有多种珍稀动植物资源，其生态价值不言而喻。然而自 20 世纪 90 年代起，秦岭北麓山区不断违建大批别墅，山体被破坏，山坡被人为削平，林地被圈占，生态环境被严重破坏，老百姓意见很大。习近平先后六次亲自批示，使得秦岭北麓违法违建问题得到彻底整治。关于"水"，包括森林、湖泊、湿地等，具有涵养水量、蓄洪防涝、净化水质和空气的功能。然而，近年来全国湖泊大面积萎缩，天然湖泊因围垦消失近 1000 个，每年全国有 1.6 万亿立方米的降水直接入海，无法利用。面对水资源稀缺的严峻形势，习近平指出："如果再不重视保护好涵养水源的森林、湖泊、湿地等生态空间，再继续超采地下水，自然报复的力度会更大。"②水资源稀缺的一个重要原因是涵养水源的生态空间大面积减少，盛水的"盆"越来越小，降水存不下、留不住。关于"林"，习近平指出："森林是陆地生态系统的主

---

① 习近平：《论坚持人与自然和谐共生》，中央文献出版社 2022 年，第 251 页。
② 中共中央文献研究室：《习近平关于社会主义生态文明建设论述摘编》，中央文献出版社 2017 年版，第 52 页。

体和重要资源,是人类生存发展的重要生态保障。不可想象,没有森林,地球和人类会是什么样子。"①2021 年的植树节,习近平指出,同建设美丽中国的目标相比,同人民对美好生活的新期待相比,我国林草资源总量不足、质量不高的问题仍然突出,要增加森林面积、提高森林质量,提升生态系统碳汇增量,为实现我国碳达峰碳中和目标、维护全球生态安全作出更大贡献。在2022 年的植树节,习近平强调:"森林是水库、钱库、粮库,现在应该再加上一个'碳库'。森林和草原对国家生态安全具有基础性、战略性作用,林草兴则生态兴。"②关于"田",习近平指出:"国土是生态文明建设的空间载体⋯⋯要按照人口资源环境相均衡、经济社会生态效益相统一的原则,整体谋划国土空间开发⋯⋯给自然留下更多修复空间。"③关于"湖",习近平高度重视湖泊治理问题,亲自视察太湖、滇池、查干湖等。2020 年春节前夕习近平赴云南看望慰问各族干部群众,指出:"云南生态地位重要,有自己的优势,关键是要履行好保护的职责。滇池是镶嵌在昆明的一颗宝石,要拿出咬定青山不放松的劲头,按照山水林田湖草是一个生命共同体的理念,加强综合治理、系统治理、源头治理,再接再厉,把滇池治理工作做得更好。"④关于"草",习近平多

---

① 中共中央文献研究室:《习近平关于社会主义生态文明建设论述摘编》,中央文献出版社 2017 年版,第 115 页。
② 《习近平在参加首都义务植树活动时强调　全社会都做生态文明建设的实践者推动者　让祖国天更蓝山更绿水更清生态环境更美好》,《人民日报》2022 年 3 月 31 日,第 1 版。
③ 中共中央文献研究室:《习近平关于社会主义生态文明建设论述摘编》,中央文献出版社 2017 年版,第 43—44 页。
④ 习近平:《论坚持人与自然和谐共生》,中央文献出版社 2022 年版,第 82 页。

次强调"治草"在长江、青海、内蒙古生态保护和修复中的重要地位。他指出："加强三江源和环青海湖地区生态保护,加强沙漠化防治、高寒草原建设,加强退牧还草、退耕还林还草。"①他还强调:"要把实施重大生态修复工程作为推动长江经济带发展项目的优先选项,实施好长江防护林体系建设、水土流失及岩溶地区石漠化治理、退耕还林还草、水土保持、河湖和湿地生态保护修复等工程。"②关于"沙",习近平在致第六届库布其国际沙漠论坛的贺信中明确指出:"荒漠化是全球共同面临的严峻挑战。荒漠化防治是人类功在当代、利在千秋的伟大事业。中国历来高度重视荒漠化防治工作,取得了显著成就,为推进美丽中国建设作出了积极贡献,为国际社会治理生态环境提供了中国经验。库布其治沙就是其中的成功实践。"③2018年3月5日,在参加十三届全国人大一次会议内蒙古自治区代表团审议时,习近平强调,要加强荒漠化治理和湿地保护,加强大气、水、土壤污染防治,在祖国北疆构筑起万里绿色长城。

山水林田湖草沙之间是相互依存又相互激发活力的复杂关系,有机地构成一个生命共同体,它们之间的相互影响、相互作用是深刻而复杂的,通过长期的交互达到一个相对稳定的平衡状态。如果其中某一要素变化过于剧烈,就会引发一系列的连锁反应,使生态平衡遭到破坏。对于自然界各要素间的

① 习近平:《论坚持人与自然和谐共生》,中央文献出版社2022年版,第153页。
② 习近平:《论坚持人与自然和谐共生》,中央文献出版社2022年版,第130页。
③ 习近平:《论坚持人与自然和谐共生》,中央文献出版社2022年版,第182页。

相互作用,恩格斯早就指出:"我们所接触到的整个自然界构成一个体系,即各种物体相联系的总体,而我们在这里所理解的物体,是指所有物质的存在,从星球到原子,甚至直到以太粒子,如果我们承认以太粒子存在的话。这些物体处于某种联系之中,这就包含了这样的意思:它们是相互作用着的……只要认识到宇宙是一个体系,是各种物体相联系的总体,就不能不得出这个结论。"①

习近平以更加具体的方式表达了自然界的有机联系:"我们要认识到,山水林田湖是一个生命共同体,人的命脉在田,田的命脉在水,水的命脉在山,山的命脉在土,土的命脉在树……如果种树的只管种树、治水的只管治水、护田的单纯护田,很容易顾此失彼,最终造成生态的系统性破坏。"②这一论述既深化了恩格斯关于自然界是一个体系的思想,也继承了中国传统文化中天人合一、天地人和的生态智慧,体现了经济社会和自然环境可持续发展的生态文明价值观,强调了生态系统的整体性、系统性和综合性,是从更大格局上对人与自然关系的认识。

(二)"山水林田湖草沙是生命共同体"思想是科学的系统观

山水林田湖草沙是自然界中的自然存在,表面看它们各不相同,有的是

---

① [德]卡尔·马克思,[德]弗里德里希·恩格斯:《马克思恩格斯选集》(第四卷),中共中央马克思恩格斯列宁斯大林著作编译局编译,人民出版社 1995 年版,第 347 页。

② 中共中央文献研究室:《习近平关于社会主义生态文明建设论述摘编》,中央文献出版社 2017 年版,第 47 页。

有机体,有生命,有的是无机体,没有生命;有的会经常变化,而有的却常年不变。它们看似各自独立存在,没有任何关联。但实际上,从整个生态系统来看,它们相互影响、紧密关联,组成一个"生命共同体"。

我们党运用系统思维创造性地提出山水林田湖草沙是一个生命共同体,从自然界的生命共同体这一概念出发,将之扩展到人类,提出"人与自然是生命共同体"的科学论断,明确了人与自然之间的关系是通过物质变换而构成的有机系统、生态系统。把人和自然有机地联系起来,丰富和发展了马克思主义的人化自然观、系统自然观和生态自然观,为新时代生态文明建设奠定了科学的世界观和方法论基础。因此,推进新时代生态文明建设,我们要遵循生命共同体的科学理念,将系统思维、生态思维纳入辩证思维,按照自然、社会和人类有机统一的系统工程的方式方法推进生态文明建设。

一般系统论认为,一个相对完整的系统是由不同部分组成的,不同的部分在系统中居于不同的地位、发挥不同的作用,每一个部分对于系统的存在都是不可或缺的。系统的这种整体性和相互关联性特征决定了我们在分析问题和解决问题时,一定要从对象的整体性出发,统筹考虑其各个要素、各个层次、各个方面,避免头痛医头、脚痛医脚、顾此失彼。因此,系统论为我们治理生态环境提供了科学的方法论。立足于系统论的整体性、相互关联性思想,我们在新时代生态文明建设的具体实践中,应重点做好以下几项工作。

一是从宏观方面统筹谋划,搞好顶层设计,把国土空间开发格局设计好。

我们国家国土空间巨大,不同地方在人口数量、地理环境、自然资源、经济社会基础方面各异,因此,必须从全局的高度搞好开发利用。习近平指出:"主体功能区是国土空间开发保护的基础制度,也是从源头上保护生态环境的根本举措,虽然提出了多年,但落实不力。我国 960 多万平方公里的国土,自然条件各不相同,定位错了,之后的一切都不可能正确。要加快完善基于主体功能区的政策和差异化绩效考核,推动各地区依据主体功能定位发展。"①2010 年,在全国生态功能区认定和划分的基础上,国务院制定了《全国主体功能区规划》,按照开发方式,将国土空间划分为优化开发、重点开发、限制开发和禁止开发四类;按照开发内容,分为城市化地区、农产品主产区和重点生态功能区。党的十八大将优化国土空间开发格局纳入"大力推进生态文明建设"的内容之一,重点是按照大的区域生态功能进行开发利用。党的十八届三中全会提出,"必须建立系统完整的生态文明制度体系,用制度保护生态环境",建立国土空间开发保护制度是建立完善生态文明制度体系的重要内容。党的十九大报告指出,"构建国土空间开发保护制度,完善主体功能区配套政策,建立以国家公园为主体的自然保护地体系"。②《中共中央关于制定国民经济和社会发展第十四个五年规划和二〇三五年远景目标的建议》(简称《建

---

① 中共中央文献研究室:《习近平关于社会主义生态文明建设论述摘编》,中央文献出版社 2017 年版,第 64 页。

② 习近平:《决胜全面建成小康社会 夺取新时代中国特色社会主义伟大胜利——在中国共产党第十九次全国代表大会上的报告》,人民出版社 2017 年版,第 52 页。

议》）提出，"构建国土空间开发保护新格局。立足资源环境承载能力，发挥各地比较优势，逐步形成城市化地区、农产品主产区、生态功能区三大空间格局……形成主体功能明显、优势互补、高质量发展的国土空间开发保护新格局"。① 上述党和国家的重大战略部署，在坚持生态环境的整体性和系统性的基础上，进一步完善了顶层设计，是指导我们尊重自然、高效利用国土空间、科学实施国土空间治理、建设人与自然和谐共生的现代化的行动指南。从主体功能区规划到主体功能区战略，到主体功能区制度，再到《建议》提出的"构建国土空间开发保护新格局"，充分体现了我们党对整体治理、系统治理的高度重视和不懈探索。

二是坚持节约优先、保护优先、自然恢复为主的原则。我国人均资源少，且以往资源开发利用方式粗放，浪费严重，这就决定了新时代生态文明建设必须坚持节约优先、保护优先、自然恢复为主的原则。在资源上把节约放在首位，在环境上把保护放在首位，在生态上以自然恢复为主，这三个方面形成一个统一的有机整体，是生态系统整体观、系统观在实践层面的重要体现。

节约优先，就是在资源上把节约放在首位，着力推进资源节约集约利用，在提高资源利用率和生产率、降低单位产出资源消耗、杜绝资源浪费方面出实招、见效果。习近平指出："节约资源是保护生态环境的根本之策。扬汤止

---

① 《中共中央关于制定国民经济和社会发展第十四个五年规划和二〇三五年远景目标的建议》，人民出版社 2020 年版，第 23 页。

沸不如釜底抽薪,在保护生态环境问题上尤其要确立这个观点。大部分对生态环境造成破坏的原因是来自对资源的过度开发、粗放型使用。如果竭泽而渔,最后必然是什么鱼都没有了。因此,必须从资源使用这个源头抓起。"①我们当前所需要的自然资源,如煤炭、石油、天然气、矿石等都是不可再生的,如不节约使用和有效保护,很快就会枯竭;即便是可再生资源如生物资源等,如不合理使用和有效保护,也会逐渐消亡。因此,要实现经济社会永续发展,必须十分珍惜和节约资源。保护优先,就是在环境上把保护放在首位。坚持预防为主,通过"总量控制、强度控制"等政策,着力加强环境监管,健全生态环境保护责任追究制度和环境损害赔偿制度等,从源头上减轻水、大气、土壤等污染排放,防范环境风险,改善环境质量。彻底改变以牺牲生态环境、破坏自然资源为代价的粗放型增长模式,不以牺牲生态环境为代价去换取一时的经济增长,不走"先污染后治理"的路子。所谓自然恢复为主,就是不能等生态环境被破坏了再修复,或一边破坏一边修复。保护和建设生态环境的重点应由事后治理向事前保护转变、由人工建设为主向自然恢复为主转变,从源头上扭转生态恶化趋势。党的十八大以来,我国对生态脆弱区重点保护区域实行顺应自然规律的封育、围栏、退耕还草还林还水等措施,坚持以自然恢复为主,收到了很好的效果。

---

① 中共中央文献研究室:《习近平关于社会主义生态文明建设论述摘编》,中央文献出版社 2017 年版,第 44—45 页。

三是加大环境污染综合治理。我国的环境污染不是单一方面的,造成污染的原因也不是单一方面的。环境污染主要包括大气污染、水污染、土壤污染等,而且这几方面也是相互影响的。一段时间以来,我国雾霾天气高发频发,因此,百姓对大气污染关注程度高。其实,我国的水污染、土壤污染形势也很严峻,对人们健康影响也很大。所以,在治理大气污染的同时,也必须加大水和土壤污染防治的力度。同时,造成我国环境污染的原因也是多方面的,有生产方式粗放的原因,有企业乱排乱放、偷排偷放的不承担社会责任的原因,也有监管体制机制不健全等方面的原因。因此,在环境污染治理方面,我国先后于 2013 年发布了《大气污染防治行动计划》、2015 年发布了《水污染防治行动计划》、2016 年发布了《土壤污染防治行动计划》。上述污染防治行动计划中一个非常突出的特点就是多管齐下,坚持系统治理、综合治理。以《大气污染防治行动计划》为例,系统治理的特点就非常突出:针对污染物超标的问题,首先最直接的办法就是减少排放,采取的措施包括全面整治燃煤小锅炉,加快重点行业脱硫、脱硝、除尘改造,整治城市扬尘,提升燃油品质,限期淘汰黄标车等。其次是严控高耗能、高污染行业新增产能。结合供给侧结构性改革,大力淘汰钢铁、水泥、电解铝、平板玻璃等重点行业落后产能。再次是大力推行清洁生产,通过转变生产方式,实现绿色发展。此外,还包括加快调整能源结构,强化节能环保指标约束,推行激励与约束并举的节能减排新机制,用法律法规"倒逼"产业转型升级等。

总之,对于生态文明建设这个复杂的系统工程,在"山水林田湖草沙是一个生命共同体"的系统观指导下,各级政府、各个部门、各个地区切实以系统论的思维、政策和措施来整体性、综合性、协同性地加以规划和推进,我国环境治理现代化水平得到极大提升。

(三)"山水林田湖草沙是生命共同体"思想要求我们树立生态治理的大局观全局观

"山水林田湖草沙是生命共同体"思想所蕴含的整体观和系统观,为我们进行生态文明建设和生态环境治理提供了重要的世界观和方法论。在生态治理方面,必须树立大局观和全局观,必须从全国乃至全球生态相互联系、相互依存的整体观出发,树立整体意识、全局意识、一盘棋意识、责任共同体意识,"要用系统论的思想方法看问题,生态系统是一个有机生命躯体,应该统筹治水和治山、治水和治林、治水和治田、治山和治林等"。① 否则,"如果种树的只管种树、治水的只管治水、护田的单纯护田,很容易顾此失彼,最终造成生态的系统性破坏"。② 进行系统的治理,必须首先健全系统治理的体制机制。

长期以来,我国生态环境保护各领域存在各自为政、九龙治水、多头治理

---

① 中共中央文献研究室:《习近平关于社会主义生态文明建设论述摘编》,中央文献出版社 2017 年版,第 56 页。
② 中共中央文献研究室:《习近平关于社会主义生态文明建设论述摘编》,中央文献出版社 2017 年版,第 47 页。

等突出问题,在管理、制度、政策等方面经常存在相互冲突、相互掣肘的现象。统筹山水林田湖草沙系统治理,就是要有全局观和大局观,不能只维护一时一地的利益,不能只维护一个部门、一个领域的利益,更不能头痛医头、脚痛医脚,各管一摊、相互掣肘,而是通过统筹兼顾、整体施策、多措并举,推动生态环境治理现代化。通过健全完善体制机制,把多年存在的顽瘴痼疾彻底消除,真正实现地上和地下、岸上和水里、陆地和海洋、城市和农村、一氧化碳和二氧化碳统一管理,打通过去存在的"堵点""痛点",真正做到对山水林田湖草沙进行统一保护、统一修复。

健全自然资源资产管理体制和完善自然资源监管体制。这主要涉及自然资源资产管理和自然资源监管两大方面:"国家对全民所有自然资源资产行使所有权并进行管理和国家对国土范围内自然资源行使监管权是不同的,前者是所有权人意义上的权利,后者是管理者意义上的权利。这就需要完善自然资源监管体制,统一行使所有国土空间用途管制职责,使国有自然资源资产所有权人和国家自然资源管理者相互独立、相互配合、相互监督。"①因此,健全自然资源资产管理体制的首要任务就是组建自然资源部和生态环境部。"我国生态环境保护中存在的一些突出问题,一定程度上与体制不健全有关,原因之一是全民所有自然资源资产的所有权人不到位,所有权人权益

---

① 中共中央文献研究室:《习近平关于社会主义生态文明建设论述摘编》,中央文献出版社 2017 年版,第 102 页。

不落实。"①党的十八届三中全会提出健全国家自然资源资产管理体制的要求,总的思路是,按照所有者和管理者分开和一件事由一个部门管理的原则,落实全民所有自然资源资产所有权,建立统一行使全民所有自然资源资产所有权人职责的体制。组建自然资源部主要是统一行使全民所有自然资源资产所有者职责,统一行使所有国土空间用途管制和生态保护修复职责,着力解决自然资源所有者不到位、空间规划重叠等问题,实现山水林田湖草沙整体保护、系统修复、综合治理。改革之前,我国的自然资源管理分散在多个部委,职责和权力存在重复交叉,导致自然资源的开发利用与保护的监管方面也存在职责不清、争权夺利等现象。虽然在道理上我们都明白,自然资源是一个整体,但在实际发展过程中,由于不同历史时期面临着不同的发展任务,这就决定了土地、矿藏、水流、森林、山岭、草原、荒地、滩涂等自然资源分别由不同的行政机构管理。出于部门利益的考虑,自然资源的开发利用和保护并未形成一个统一的整体。由于全民所有自然资源资产所有者不明确,一些人和组织采取迂回或绕道的办法获得自然资源使用权,造成使用者侵占所有者权益、国有自然资源被破坏却无人负责的现象。加之多种规划之间的互相扯皮,造成监管乱、监管难、监管者缺位现象,从而为非法使用自然资源者开了"一扇窗"或"一扇门",国家保障自然资源的合理利用的职责并未完全兑现。此次组建的自然资源部,就是国有自然资源的所有权人,其主要职责是对自

---

① 习近平:《论坚持人与自然和谐共生》,中央文献出版社 2022 年版,第 41 页。

然资源的开发利用和保护进行监管,履行全民所有各类自然资源资产所有者职责,统一调查和确权登记,建立自然资源有偿使用制度,负责测绘和地质勘查行业管理等。所以,组建自然资源部,从长期来看能更加规范自然资源开发利用和保护,让自然资源开发利用和保护回归理性。

生态环境部的前身是环境保护部,这次机构改革突出"生态"一词,表明生态保护与环境保护两者缺一不可,都应受到关注和重视。生态环境部的建立,是在对生态系统的完整性、连续性深刻认识的基础上,突出管控机制的协调性、统一性,是新时代生态治理的大局观、全局观的重要体现。生态环境部把原先分散在其他几个部委的职责进行了整合,由生态环境部统一行使生态和城乡各类污染排放监管与行政执法职责。具体包括:制定并组织实施生态环境政策、规划和标准,统一负责生态环境监测和执法工作,监督管理污染防治、核与辐射安全,组织开展中央环境保护督察等。可以说,生态环境部的组建将在很大程度上改善此前部门职能重叠造成的资源浪费,减少监管死角和盲区的出现,能够集中力量加大环境执法力度和污染整治力度。一方面,污染治理效率可以大大提高,污染治理成本也会随之降低;另一方面,扯皮推诿的现象可以大大减少,污染治理的灰色空间也可以明显减少,从而实现生态环境保护和治理的全覆盖。

健全区域协作机制。自然资源部和生态环境部的组建为推动自上而下的针对自然资源的保护和监管提供了制度和体制机制保证。但是,大气资源、水资源具有公共物品属性,存在区域性、流域性,使得以行政区域为边界的治理手段在解决区域流域环境问题方面效果不佳。因此,在跨区域跨流域的横向的生态环境监管和保护方面也应该建立相应的体制机制,实现跨区域跨流域污染防治联防联控。随着我国城市化、工业化进程不断加快,珠三角、长三角、京津冀、成渝等城市群区域经济一体化进程不断深入,加之大气、水的自然流动性,环境污染开始呈现出跨区域跨流域的典型特征。以雾霾为主的区域大气污染事件、跨流域水污染事件屡屡发生。实践中,我国已逐步建立起联防联控的协调机制,跨区域跨流域污染防治联防联控在法律、政策和区域实践层面都取得了很大进展。新修订的《中华人民共和国环境保护法》第一次以法律的形式明确了国家建立跨行政区域的重点区域、流域环境污染和生态破坏联合防治协调机制,实行统一规划、统一标准、统一监测,统一防治的措施。《中华人民共和国大气污染防治法》在新环境保护法的基础上,设立"重点区域大气污染联合防治"专章,进一步健全了我国跨区域大气污染防治联防联控机制。《中华人民共和国水污染防治法》对流域水污染联合防治的体制、制度和机制作了原则性规定。2013 年年底,原环境保护部制定了《京津冀及周边地区落实大气污染防治行动计划实施细则》,京津冀及周边地区大气污染防治协作小组成立,区域大气污染治理从"单打独斗"逐渐转变为联防联控。2017 年 9 月 6 日,原环境保护部深改组会议决定设立京津冀大气环境保护局,机构设在原环境保护部,在新一轮机构改革中更名为京津冀及周边地区大气环境管理局。作为全国首个跨地区大气污染防治机构，京津冀及周边地区大气环境管理局的成立，为打破行政壁垒，实现区域整体联动提供了很好的经验示范。2018年，上海、浙江、江苏、安徽三省一市联合组建长三角区域合作办公室，为区域生态环境共同保护提供了管理机构支持。

在跨区域、跨流域污染联防联控方面，很多流域、区域在上下游水资源共享、污染防治、联合监测、共同执法、应急联动、生态补偿等方面都涌现出了很多好的做法。习近平指出，要加快建立生态产品价值实现机制，让保护、修复生态环境获得合理回报，让破坏生态环境付出相应代价。生态补偿机制就是生态产品价值实现机制的重要形式。比如，珠江流域综合治理、太湖流域综合治理、淮河流域综合治理、新安江流域生态补偿等。其中，新安江流域生态补偿机制试点是全国首个跨省流域生态补偿机制试点。2012年起，财政部、原环保部等有关部委在新安江流域启动全国首个跨省流域生态补偿机制首轮试点，如今已经实施三轮，进展顺利。新安江流域生态补偿机制试点，为在更大范围推广跨省流域生态补偿机制提供了经验示范。当前，我国在探索建立跨区域跨流域污染联防联控上取得了一定成效，但在联动机制、政策手段、技术基础保障等方面还存在一些需要加强的地方。目前大多数区域、流域间的合作以协商为主，通过签订合作协议、合作备忘录等形式进行，依靠的是非制度化的协调机制，缺乏管理职能和执行权力，在统一规划、统一标准、统一执法和统一监测的执行上还比较弱，而且在涉及一些深层次的利益问题时缺乏实际操作性,长此以往,将影响到联防联控成效。

五、坚持用最严密法治保护生态环境的生态法治观

实现国家治理体系和治理能力现代化是习近平新时代中国特色社会主义思想的重大理论创新,是新时代全面深化改革的重要目标。治理体系和治理能力现代化涉及经济、政治、文化、社会等各个领域和各个方面,其中,生态文明建设是国家治理能力和治理体系现代化建设的重要领域,生态文明制度建设和生态文明法治建设是生态文明治理能力和治理体系现代化建设的重要"抓手"。习近平指出:"我国生态环境保护中存在的突出问题大多同体制不健全、制度不严格、法治不严密、执行不到位、惩处不得力有关。要加快制度创新,增加制度供给、完善制度配套、强化制度执行,让制度成为刚性的约束和不可触碰的高压线。"①坚持"用最严格制度最严密法治保护生态环境",是我们党新时代推进生态文明建设的主要方式,即依靠最严格的制度和最严密的法治,建立起激励约束并重、系统完整的生态文明制度体系。

(一)高度重视用制度法治推进生态文明建设

如果用一句话总结改革开放以来我国生态环境日益恶化的原因,可以归结为生态环境制度的缺失,不只是保护生态、治理污染的法律制度的缺失,而且包括引导整个社会发展的生态文明观念、生态文明制度体系的缺失。当然,生态文明制度体系的不健全与我国生态文明建设起步晚、时间短、经验不

---

① 习近平:《习近平谈治国理政》(第三卷),外文出版社 2020 年版,第 363 页。

足有很大关系。改变因制度缺失而形成的生态破坏和环境污染成本低而生态环境治理成本高、惩处生态破坏和环境污染力度小而生态环境损失大的问题,必须彻底改变我国生态文明建设法律法规不健全、有法不依、执法不严、制度不配套、难以形成合力的现状。新时代,以习近平同志为核心的党中央高度重视依靠法规制度推进生态文明建设,强调推动绿色发展、建设生态文明重在建章立制,用制度为生态环境保护保驾护航,尤其强调要将生态文明建设纳入法治化轨道,以法治理念、法治方式来加以推动。

法治是一个国家发展的重要保障,是治国理政的基本方式,是治理能力和治理体系现代化的重要标志。生态文明建设也必须依靠法治。党的十九届四中全会就生态文明建设的法治化进行了周密部署,指出"实行最严格的生态环境保护制度、全面建立资源高效利用制度、健全生态保护和修复制度、严明生态环境保护责任制度。"[①]上述部署明确了新时代生态文明建设法治化的内容和方向,指明了生态文明法治建设的主要任务。

科学立法是前提。建设社会主义法治国家,完善中国特色社会主义法律体系是重要任务。建设生态文明,首先要加大立法力度,健全法律体系。本来,我国生态文明建设起步就晚,生态文明领域的相关法律法规少,相对滞后。新时代生态文明建设的紧迫性更加突出,尤其需要新的法律为推动生态

---

① 《中共中央关于坚持和完善中国特色社会主义制度、推进国家治理体系和治理能力现代化若干重大问题的决定》,人民出版社 2019 年版,第 31—32 页。

文明建设保驾护航。同时,大量生态环境问题的不断涌现,更加需要相应的法律法规对此进行有针对性、有效率的规范治理。显然,现行的生态环境保护法律法规难以适应我国生态文明建设的迫切需要。比如,与生态文明在新时代社会主义现代化强国建设中的重要地位相比较,与贯彻落实新发展理念的要求相比较,与转变发展方式、推行绿色发展,实现高质量发展相比较,我们的立法理念和立法指导思想还不能真正与时俱进。还比如,现行的环境资源立法中存在部分立法空白、配套法规制定不及时、其他环境管理手段缺乏法律依据的问题,部分规定已不适应经济社会发展的需要的问题。再比如,部分法律规定过于抽象、操作性不强、难以得到有效实施问题。总之,我国生态环境领域法治建设难以完全适应新时代生态文明建设大力发展的需要,加强立法工作已经是生态文明法治建设的头等大事。办好这件大事,首先,要转变立法理念。生态文明领域的立法很大部分调整规范的是人与自然的关系,协调的是人类惯常的开发自然的活动与生态环境保护之间的关系。既然法律规范的是人与自然的关系,就必须首先正确认识人与自然的关系。从根本上讲,习近平提出的"尊重自然、保护自然、顺应自然"的自然观是人与自然关系的正确反映,也是我们处理人与自然关系的基本准则。因此,生态环境立法必须反映和体现这一基本原则。其次,各项法律要相互配套,形成体系。生态文明建设涉及经济、政治、文化、社会等各个方面和各个领域,必须同步实现相关领域的法律法规建设,才能形成推进和保护生态文明建设的强大合力。最后,加强重要领域立法。加强重要领域立法,健全国家生态治理急需的、满足人民日益增长的美好生活需要必备的法律制度,是新形势新任务对生态环境立法工作提出的新要求。近年来,我国重点区域协同立法取得积极进展。比如,党的十九大报告将"以共抓大保护、不搞大开发为导向推动长江经济带发展"纳入新时代实施区域协调发展战略的重要内容。长江流域的生态保护,涉及中华民族发展的根本利益,必须有相关法律规范才能得以顺利推进。在此背景下,我国第一部流域专门法律《中华人民共和国长江保护法》于 2021 年 3 月 1 日起实施。该法针对长江的特点和存在的突出问题,采取特别的制度措施,为推动长江经济带高质量发展提供有力法治保障、筑牢绿色发展根基,这标志着长江保护进入依法保护的新阶段。之后,我国又一部流域专门法律——《中华人民共和国黄河保护法(草案)》也于 2021 年 12 月首次提请全国人大常委会会议审议,旨在为黄河流域提供更为整体和系统的法律保护。此外,为实现碳达峰、碳中和目标,直面"以史上最短时间实现碳中和"的挑战,我国积极推动碳排放权交易、危险废物经营许可证管理等行政法规的修订。国务院将《碳排放权交易管理暂行条例》列入 2021 年立法工作计划,生态环境部于 2021 年 3 月向国务院报送了《碳排放权交易管理暂行条例(草案修改稿)》。上述立法鲜明地体现了问题导向,增加了法律的可实施性和可操作性,对推进生态文明建设发挥重要作用。

严格执法是关键。法律的生命力在于实施,法律的权威也在于实施。全面推进依法治国的重点是保证法律得到严格的贯彻落实。长期以来，我国环保执法给人留下软、散、懒的印象，生态环境保护领域执法不严的问题相当普遍。当然，出现这种现象的原因是多方面的：一是受过去传统发展观的影响，人们普遍环保意识不强，部分地方领导干部环保意识、法制观念不强，对保护环境缺乏紧迫感，甚至把保护环境与发展经济对立起来，认为环保领域的严格执法必然会影响地方经济的发展，强调"先发展后治理""先上车后买票""特事特办"，把生态环境保护相关法律法规抛之脑后。甚至，一些地方以政府名义出台"土政策""土规定"，明目张胆地保护违法行为。二是部分企业法纪观念不强，甚至暴力阻法、抗法。很多企业为了节约环境成本，长期偷排、偷放污染物，甚至以暴力阻止环保执法人员的执法活动。三是一些地方环境保护部门监管不力、执法不严，甚至存在地方保护主义。有的地方违法违规批准环境污染严重的建设项目；有的地方对应该关闭的污染企业下不了决心、动不了手，甚至视而不见、放任自流；还有的地方环境执法受到阻碍，一些园区和企业环境监管处于失控状态。

生态文明建设是关系中华民族永续发展的千年大计。习近平高度重视环境保护领域执法，明确指出："对破坏生态环境的行为，不能手软，不能下不为例。"①"生态红线的观念一定要牢固树立起来。我们的生态环境问题已经

---

① 中共中央文献研究室：《习近平关于社会主义生态文明建设论述摘编》，中央文献出版社 2017 年版，第 107 页。

到了很严重的程度,非采取最严厉的措施不可,不然不仅生态环境恶化的总态势很难从根本上得到扭转,而且我们设想的其他生态环境发展目标也难以实现。"[1]"要加快划定并严守生态保护红线、环境质量底线、资源利用上线三条红线。对突破三条红线、仍然沿用粗放增长模式、吃祖宗饭砸子孙碗的事,绝对不能再干,绝对不允许再干。"[2]这些话振聋发聩,对环境执法部门产生很大震动,在此背景下,生态环境部组织开展全国生态环境执法大练兵活动。

公正司法是保障。在 2021 年 5 月份召开的世界环境司法大会上,国家主席习近平向大会致贺信时指出,中国持续深化环境司法改革创新,积累了生态环境司法保护的有益经验。所谓环境司法,是对与生态环境相关的司法活动的统称。人类各种经济社会活动不可避免地对生态环境产生重大影响。近年来,由生态环境问题引发的社会纠纷也以多样化、高烈度的态势"爆发",由环境污染或生态破坏所引发的民事、公益、行政纠纷和刑事追诉,形成了具有显著特殊性的环境案件。环境案件具有证据搜集和事实审查困难、适用法律规范集中、执行难度较大等特点,一般司法机制在处理此类案件过程中面临着重大挑战。当前,我国环境司法面临的普遍问题突出表现在四个方面:一是环境保护案件取证难、诉讼时效认定难、法律适用难、裁决执行难。二是涉及环境保护案件的鉴定机构、鉴定资质、鉴定程序亟须规范。三是主管生

---

[1] 中共中央文献研究室:《习近平关于社会主义生态文明建设论述摘编》,中央文献出版社 2017 年版,第 99 页。

[2] 习近平:《论坚持人与自然和谐共生》,中央文献出版社 2022 年版,第 11 页。

态环境的各部门与司法部门缺乏有效配合,司法手段与行政手段衔接难,大量破坏环境资源的案件未能进入司法程序。四是人民法院对加强环境司法保护的意识有待增强,涉及环境保护案件的审判力量不足,相关案件的立案、管辖以及司法统计等有待规范。

党的十八大以来,在依法治国、依法行政的大背景下,我国的环境司法事业取得了重大进展。一是广泛建立环境审判机构。审判机构专门化是审判能力专业化的重要保障,2007 年贵州清镇环保法庭的设立,被视为我国环境司法专门化的起点。2014 年最高人民法院发布了《关于全面加强环境资源审判工作为推进生态文明建设提供有力司法保障的意见》,推动环保法庭在全国普遍建立,环境司法进入了大力推进阶段。二是创新环境审判专门机制,提高审判效率、加强审判实效。在审判机构专门化的基础上,我国法院系统进一步推进环境案件审理机制的专门化,有效提高了环境案件的审判效率,进一步加强了对受害人合法权益的保护。三是总结审判经验,完善审判规范,促进环境司法审判的统一。环境案件具有高度复杂的样态,而环境法律则具有相对一般性,在环境审判过程中弥合抽象规范与具体案件事实间的"间隙",是审判机关尤其是基层法院面临的重大挑战。为保证环境审判质量,统一全国环境审判标准,最高人民法院在总结环境审判经验的基础上,在环境司法的重点、难点领域,颁布了一系列司法解释。四是审理环境案件,有力化解环境问题引发的社会纠纷。环境司法的发展,最终集中体现在全国法院系统办理的环境案件上。近年来,全国法院审理的环境案件数量稳步增加。2019 年,全国法院共受理各类环境案件近 30 万件,相较于 2016 年度法院受理的环境资源案件总数增长约 20％。环境资源案件审理效率效能的提升,有力地打击了环境违法犯罪行为,受到环境事故不利影响的群众的合法权益得到维护,国家机关及其工作人员的自然资源管理和环境保护行为得到有效监督,生态环境损害得到及时有效修复。

全民守法是基础。法律的权威源自人民的内心拥护和真诚信仰。人民权益要靠法律保障,法律权威要靠人民维护。当前,人民群众的生态意识尤其是生态环境法律意识还比较薄弱,因此,迫切需要在全社会深入开展生态文明意识和生态法治宣传教育,引导全社会树立生态文明意识,培育尊重生态文明光荣、破坏生态文明可耻的道德风尚。同时,要树立起生态法治思维,真正做到人人懂法、人人守法、人人捍卫法律的尊严。每一个生活在地球上的人,其生存、发展到最后融入自然,莫不与环境相关。从中华传统文化的角度看,生态文化始终是传统文化的核心,体现了中华文明的主流精神。在思想上,中国儒家提出"天人合一",中国道家提出"道法自然";在法律上,历朝历代,皆有对环境保护的明确法规与禁令,这说明,中华民族始终把生态意识作为守护中国几千年传统文化的主流意识。从这个意义上讲,全民守法与全民建设生态文明,两者是一致的。

(二)加强生态文明制度体系建设

新时代生态文明体制改革的重要任务是加强生态文明制度建设,我国生态文明建设起步较晚,生态环境领域的法律法规不够健全和完善。同时,由于生态文明建设涉及国家发展的各领域各部门,只有加强生态文明制度体系建设,才能形成生态文明建设的合力。生态文明制度建设关键在于成"体系",概括起来,主要包括健全自然资源资产管理制度和自然资源监管制度,划定生态保护红线,实行资源有偿使用制度和生态补偿制度,改革生态环境保护管理体制,等等。

目前来看,加强生态文明制度体系建设,主要以下述制度建设为重点。

进一步加强和完善国土空间开发保护制度,在继续加强顶层设计的同时,加紧制度的出台落地。这主要包括三个方面:一是进一步完善主体功能区配套政策。实施主体功能区战略,是解决我国国土空间开发保护中存在问题的根本途径,是促进区域协调发展、实现人口与经济合理分布并与资源环境承载能力相适应的有效途径,有助于提高资源利用率、实现可持续发展。二是建立以国家公园为主体的自然保护地体系。党的十八届三中全会提出建立国家公园体制的改革任务,党中央、国务院不断出台政策文件,建立起了国家公园"四梁八柱"的制度框架。2016 年以来,全国陆续开展了 10 个国家公园体制试点,在管理体制创新、严格生态保护、社区融合发展等方面做了积极探索和实践,取得了积极成效,积累了有益经验。在试点的基础上,我国已正式设立三江源、大熊猫、东北虎豹、海南热带雨林、武夷山等第一批国家公园,保护面积达 23 万平方千米,涵盖 30% 以上的陆域国家重点保护野生动植物种类。这些国家公园,实现了重要生态区域的整体保护,涵盖了所在区域典型自然生态系统以及珍贵的自然景观和文化遗产,保护了最具影响力的旗舰物种。同时,作为我国生态安全战略格局的关键区域,以国家公园为主体的自然保护地体系也为维护国家生态安全发挥了重要作用。三是建立空间治理体系。党的十八届五中全会首次提出"空间治理",完善国土空间治理体系,是落实主体功能区制度的基本要求。

建立资源有偿使用制度。自然资源是国家重要的财富,只有赋予其合理的价格,自然资源才能得到更好的保护,才能得到可持续发展。长期以来,为节省经济发展成本,我国自然资源定价过低,不但难以反映市场供求关系,而且不利于生态环境保护。改革不合理的资源定价制度,使资源价格正确反映其市场的供求关系、自源资源稀缺程度和生态环境损害成本,是推动社会主义市场经济健康发展、保护生态环境的必然要求。因此,综合运用价格、财税、金融、产业和贸易等经济手段,改变资源低价和环境无价的现状,形成科学合理的资源环境的补偿机制、投入机制、产权和使用权交易等机制,从根本上解决经济与环境、发展与保护的矛盾。一是建立资源价格改革制度。资源价格作为基础性价格,不仅关系居民生活,还影响其他商品的成本,甚至影响整个经济的运行与发展。随着我国进入新时代,经济发展进入新常态,资源价格改革面临新形势,需要新思路、新举措。资源价格改革必须坚持以下原则:必须有利于提高自然资源利用效率,有助于转变经济发展方式;必须坚持市场化原则,还原其商品属性;必须以促进建立绿色价格体系为核心,围绕自然资源节约和生态环境保护做文章,推动能源绿色低碳清洁转型,助力"双碳"目标实现等。二是建立生态补偿制度。与资源有偿使用制度相对应的制度就是生态补偿制度。在经济发展过程中,那些有着重要生态功能的地区因为生态环境保护而放弃了发展的机会,或者因为生态环境保护而投入巨大,为体现公平原则,鼓励生态环境保护的积极性,应按照"谁开发谁保护、谁破坏谁修复、谁受益谁补偿"的原则,强化资源有偿使用和污染者付费政策。

建立责任追究制度。由于地方党政领导是本行政区域生态环境保护第一责任人,所以生态环境领域的各项政策规定落到实处,关键要靠各级党政领导干部。同时,出现生态环境严重损害事件也往往与党政领导干部不作为、失职、渎职有着直接关系。因此,保护好资源环境,必须突出领导干部这个"关键少数"。聚焦各级党政领导干部的权力责任,"要建立责任追究制度……对那些不顾生态环境盲目决策、造成严重后果的人,必须追究其责任,而且应该终身追究"。① 当前,我国环境形势总体恶化的趋势没有得到根本遏制,重大环境事件频频发生,环境风险日益加大,严重威胁着广大人民群众的生命和财产安全。而在重大污染事件发生后,责任追究却很难得到有效落实,尤其是具有决策权的地方党政领导干部很难受到应有的处罚。其结果

---

① 中共中央文献研究室:《习近平关于社会主义生态文明建设论述摘编》,中央文献出版社 2017 年版,第 100 页。

是,党和政府形象受到损害,法律失去威严,群众丧失信心。"不能把一个地方环境搞得一塌糊涂,然后拍拍屁股走人,官还照当,不负任何责任。"①因此,必须健全落实党政领导干部生态环境保护和资源保护职责的制度。2015年,党中央、国务院印发了《关于加快推进生态文明建设的意见》。《意见》明确要求:"严格责任追究,对违背科学发展要求、造成资源环境生态严重破坏的要记录在案,实行终身追责,不得转任重要职务或提拔使用,已经调离的也要问责。对推动生态文明建设工作不力的,要及时诫勉谈话;对不顾资源和生态环境盲目决策、造成严重后果的,要严肃追究有关人员的领导责任;对履职不力、监管不严、失职渎职的,要依纪依法追究有关人员的监管责任。"②这一规定体现了对领导干部生态环境保护职责的约束:一是有权必有责。对于地方各级党委和政府及其有关工作部门的领导成员、中央和国家机关有关工作部门领导成员,以及凡是在生态环境领域负有职责、行使权力的党政领导干部,出现规定追责情形的,都必须严格追究责任。二是突出党政领导的责任。以往生态环境方面出了问题,受到责任追究的往往是具体的工作人员,领导干部担责的很少,为体现"权责对等"的原则,《意见》规定地方各级党委和政府对本地区生态环境和资源保护负总责,党委和政府主要领导成员承担主要责任,这有利于党政主要领导真正切实履行生态环境保护的职责。三是

---

① 中共中央文献研究室:《习近平关于社会主义生态文明建设论述摘编》,中央文献出版社 2017 年版,第 100 页。

② 中共中央文献研究室:《十八大以来重要文献选编(中)》,中央文献出版社 2016 年版,第 499 页。

"党政同责"。强调"党政同责",就是将地方党委领导成员也作为追责对象,旨在推动党委、政府对生态文明建设共同担责,落实权责一致原则,实现追责对象的全覆盖。

建立生态环境损害赔偿制度。保护生态环境、建设生态文明,必须要对污染环境、破坏生态的行为进行处罚。"环境有价,损害担责",污染环境、破坏生态不仅要承担相应的行政责任、刑事责任,还要对受影响的生态环境进行修复和赔偿。那么,生态环境受到了损害,谁有赔偿义务?谁有索赔权利?过去,由于缺少赔偿和修复的相关政策,不少企业和个人肆意妄为,导致"企业污染、群众受害、政府买单"的困局。建立生态环境损害赔偿制度,对损害生态环境的责任人,除依法追究刑事或行政责任外,还追究因其行为导致的损害调查、评估鉴定、清污处置、生态修复等赔偿责任。可见,生态环境损害赔偿制度对"公地悲剧"既有事后救济作用,也有事前预防功能。习近平高度重视生态环境损害赔偿制度改革,党的十八届三中全会明确提出对造成生态环境损害的责任者严格实行赔偿制度。2017 年 5 月,习近平主持中共中央政治局第四十一次集体学习,强调要落实生态环境损害赔偿制度。2017 年 8 月,他又亲自主持审议通过《生态环境损害赔偿制度改革方案》,强调要把这项改革作为增强"四个意识"、做到"两个维护"的具体要求,全力抓好改革落实。

生态环境损害赔偿制度作为生态文明制度体系的重要内容,是生态环境保护责任制度的重要方面。这项改革明确授权地方政府作为赔偿权利人,要求其对造成生态环境损害的责任者追究损害赔偿责任,压实了地方政府的生态环境保护责任。以追究损害责任为导向,强化违法主体责任,提高违法成本,充分体现了后果严惩的制度内涵。同时,这项改革以民事法律手段推动生态环境损害赔偿和修复,是对以行政手段为主的管理方式的有效补充,有利于整合各方力量,形成行政部门、司法机关密切配合,非政府组织、人民群众共同参与的良好格局。自 2015 年开始,我国在部分省份试行《生态环境损害赔偿制度改革试点方案》,通过试点逐步明确生态环境损害赔偿范围、责任主体、索赔主体和损害赔偿解决途径等,形成相应的鉴定评估管理与技术体系、资金保障及运行机制,探索建立生态环境损害的修复和赔偿制度,加快推进生态文明建设。在试点的基础上,2018 年 1 月在全国试行生态环境损害赔偿制度,这标志着生态环境损害赔偿制度改革已从先行试点进入全国试行的阶段。通过全国试行,不断提高生态环境损害赔偿和修复的效率,将有效破解"企业污染、群众受害、政府买单"的困局。同时,生态环境损害赔偿制度建立的过程,也积极带动了生态环境损害鉴定评估、生态环境修复等相关产业的发展,多方面推动了生态文明建设。

(三)生态文明建设与实现国家治理体系和治理能力现代化

实现国家治理体系和治理能力现代化是习近平新时代中国特色社会主义思想的重大理论创新。国家治理体系和治理能力现代化是一个整体,需要在各个领域都要实现现代化。其中,生态环境领域治理体系和治理能力现代化,是国家治理体系和治理能力现代化的重要组成部分。环境问题是经济问题、民生问题,也必然是政治问题,但说到底是局部与整体、眼前与长远的关系问题。因此,实现生态环境领域国家治理体系和治理能力现代化是实现国家治理体系和治理能力现代化的重要内容,也是一项极其复杂的系统工作。推进生态环境领域治理体系和治理能力现代化,重在坚持和完善生态文明制度体系,用制度确保生态环境领域治理体系和治理能力现代化水平不断提升。

国家治理体系和治理能力是一个国家的制度和制度执行能力的集中体现,健全的制度体系是实现国家治理体系和治理能力现代化的基础。而健全的制度体系则包括经济、政治、文化、社会、生态文明和党的建设等各领域体制机制、法律法规安排,是一整套紧密相连、相互协调的国家制度。国家治理能力则是运用国家制度管理社会各方面事务的能力,包括改革发展稳定、内政外交国防、治党治国治军等方面。国家治理体系和治理能力是一个有机整体,相辅相成,有了好的国家治理体系才能提高国家治理能力,提高国家治理能力才能充分发挥国家治理体系的效能。党的十八大以来,我国大力推进生态文明建设,从而促进了国家治理体系的完善和国家治理能力的提升。

一是生态文明建设在"五位一体"总体布局中的地位日益稳固,有力地促进了中国特色社会主义制度体系的完善。中国特色社会主义制度体系是一个有机整体,经济、政治、文化、社会、生态文明等各领域相互作用、相互影响。现代化程度越高,对经济社会发展程度的要求就越高,对社会发展的全面性、整体性要求也就越高。党的十八大以来,我国经济社会发展中的不平衡不充分问题大多与生态文明建设的滞后有很大关系,比如资源环境问题影响经济社会的可持续发展、经济社会发展资源环境代价过大、生态破坏和环境污染成为影响人民美好生活的重要因素等。只有大力推进新时代生态文明建设,才能从整体上推动社会主义现代化建设上一个新的台阶。为补上生态文明建设这个突出短板,我们党大力提升生态文明建设的地位,党的十八大把生态文明建设纳入中国特色社会主义事业"五位一体"总体布局,提出把生态文明建设融入经济建设、政治建设、文化建设和社会建设的各方面和全过程,建设美丽中国。统筹推进"五位一体"总体布局,不但极大地提升了生态文明建设的地位,而且使生态文明建设有了明确的实践路径。生态文明不再是可有可无的东西,也不再是仅仅依靠领导干部的热情、意愿和责任心来推动的事情。生态文明建设成为我们党治国理政的重要部分,生态文明体制改革全面深化、制度体系不断完善。党的十九届四中全会从生态环境保护制度、资源高效利用制度、生态保护和修复制度、生态环境保护责任制度四个方面对生态文明制度体系进行了阐释,进一步阐明了生态文明制度体系在中国特色社会主义制度和国家治理体系中的重要地位,充分体现了以习近平同志为核心的党中央对生态文明建设的高度重视和战略谋划。

二是生态文明制度体系的框架日益明晰和完善,有力促进了制度合力的形成。党的十八届三中全会提出了建立系统完整的生态文明制度体系的目标。生态文明制度建设涉及经济、政治、文化、社会等各个领域,必须形成一个制度体系才能形成合力,发挥最大作用。但健全生态文明制度体系并不是一朝一夕的事情,由于我国生态文明建设起步比较晚,很多领域的制度几乎是空白的,还有一些过去的法律法规已不能满足当前发展的需要,因此,必须进行修订完善或废止。总之,生态文明制度体系建设千头万绪,是一件涉及领域广、专业性强、任务繁重的重大任务,这是对我们党治国理政智慧的重大考验。在充分调研吸收各方智慧的基础上,2015年中共中央、国务院印发《生态文明体制改革总体方案》,明确了涵盖八个方面制度的生态文明制度体系框架,包括构建归属清晰、权责明确、监管有效的自然资源资产产权制度;构建以空间规划为基础、以用途管制为主要手段的国土空间开发保护制度;构建以空间治理和空间结构优化为主要内容,全国统一、相互衔接、分级管理的空间规划体系;构建覆盖全面、科学规范、管理严格的资源总量管理和全面节约制度;构建反映市场供求和资源稀缺程度、体现自然价值和代际补偿的资源有偿使用和生态补偿制度;构建以改善环境质量为导向,监管统一、执法严明、多方参与的环境治理体系;构建更多运用经济杠杆进行环境治理和生态保护的市场体系;构建充分反映资源消耗、环境损害和生态效益的生态文明绩效评价考核和责任追究制度。生态文明制度体系的完善,为各项具体制度的建设打下了坚实的基础,有利于充分发挥各项制度合力的作用,推进生态文明领域国家治理体系和治理能力现代化。

三是环境监管体制不断完善,进一步提升了国家治理能力。政府监管是国家治理体系的核心,在国家治理体系和治理能力现代化过程中发挥着关键作用。在生态文明制度体系中,环境治理体系是重要内容,而政府环境监管是环境治理体系的核心。党的十八大以来,我国对环境监管体制也作出了一系列重大改革,顺应生态文明建设面临的新形势、新任务,一些新的相关制度得以建立。首先是排污许可证制度。排污许可证制度就是对排污企业发放许可证的制度,它是控制企业排污的核心监管工具。过去,在环境监管失灵的背景下,环境监管机构难以使企业实现连续达标排放、难以掌握企业的实际排污情况。在现阶段,推进实施排污许可证制度,对于理顺环境监管程序、重塑环境监管体制具有重要意义。其次是实行省以下环保机构监测监察执法垂直管理制度。这一制度的出发点在很大程度上是为了保证各级环境监管机构的独立性,避免地方政府对环境执法、环境监测的干扰。通过适度上收生态环境质量监测事权,避免地方政府对环境数据造假的可能性,从而更准确地掌握全国生态环境质量状况。

六、坚持共谋全球生态文明建设的生态共治观

新时代生态文明建设不仅仅瞄准国内生态文明建设,面对全球生态破坏和全球气候变化等人类面临的共同挑战,党的十八大以来,我们党以全球视

野、世界眼光、人类胸怀,积极推动治国理政走向更高视野、更广时空。在2018年召开的全国生态环境保护大会上,我们特别提出要共谋全球生态文明建设。共谋全球生态文明建设以一系列新思想新理念为指导,主要包括人与自然是生命共同体、地球是一个生命共同体、气候变化国际合作要坚持正确的义利观、积极开展南南合作帮助弱小国家应对气候变化、携手打造绿色"一带一路"等。

(一)共谋全球生态文明建设提出的背景

西方工业革命以来,无论是人类社会还是自然界都发生了巨大的变化,人类以其前所未有的巨大力量深深地改造了自然,但人类在创造了巨大物质财富的同时,也使全球生态失调、环境污染、资源紧张、气候变异,制造了危害人类生存和发展的生态灾难。全球性生态危机亟须我们加强国际合作和集体行动,共同守护地球家园。

时至今日,无论是发达国家还是发展中国家,都无法置身于生态危机之外。新冠肺炎疫情的蔓延,更是触发了全人类对人与自然关系的深刻反思。生态环境治理理应成为全人类的共同责任和义务,成为全球集体行动,这样才能汇聚最大力量,才能取得最好效果。但匪夷所思的是,虽然所有国家对全球生态问题都有切肤之痛,但全球生态环境治理的国际合作却并不乐观。一是全球生态治理的意愿不够统一,出于对自身利益的考虑,大国在国际行动方面难以协调一致。二是不同国家对全球气候变化影响的承受能力不同,导致不同国家在应对气候变化方面的步调难以协调一致。三是全球气候变化治理机制碎片化,缺乏合作和协作,即使达成国际一致,也会出现有的国家执行效率低下、环境承诺执行受国内政治严重影响等情况,各类新挑战不断涌现。

党的十八大以来,我国大力推进新时代生态文明建设,取得了生态文明建设的重大成就,积累了生态文明建设的丰富经验,为引领全球生态文明建设打下了良好的物质基础。我国在生态文明建设方面所作的努力逐步得到了国际社会的认可:"三北"防护林工程被联合国环境规划署确立为全球沙漠"生态经济示范区";2014年,库布其沙漠被联合国环境署确定为"全球沙漠生态经济示范区";塞罕坝林场建设者、浙江省"千村示范、万村整治"工程等先后荣获联合国环保最高荣誉"地球卫士奖";"绿色发展""生态文明"等已被纳入联合国文件。我国生态文明建设取得的重大成就,为推进全球生态文明合作奠定了良好的基础。

同时,我国作为一个社会主义国家,始终秉持为全人类谋利益的价值追求,始终把为全世界人民谋福利放在心上。生态环境问题是事关全人类的生存、发展和安全、事关人类前途命运的重大时代课题,迫切需要各国积极参与。以习近平同志为核心的党中央始终从维护人类共同利益的角度出发,倡导国际社会应该携起手来共同参与全球生态文明建设。实际上,中国一直在全球生态环境保护各领域积极行动,与国际社会上其他国家开展环境领域的双边、多边合作,比如,积极推动中国—东盟环境合作、南南环境合作,启动中非绿色使者计划、中欧生物多样性合作等。在此过程中,中国的全球影响力号召力不断扩大。

随着中国特色社会主义进入新时代,我们在环境保护国际合作方面更加积极主动,展现出了关心人类前途命运、维护人类共同利益的负责任的大国情怀。中国越来越把自身的前途命运和人类的前途命运联系起来,把中国人民的幸福和全世界人民的幸福联系起来。比如,习近平提出,"人类生活在同一个地球村里,生活在历史和现实交汇的同一个时空里,越来越成为你中有我、我中有你的命运共同体",①"共同构建人与自然生命共同体"等重大论断,为国际社会生态环境合作奠定了理论基础。此外,以习近平同志为核心的党中央将推进生态文明建设国际合作落实在行动上,采取了大量切实有效的行动。例如,中国率先发布《中国落实二〇三〇年可持续发展议程国别方案》,向联合国交存《巴黎协定》批准文书,并积极履行《生物多样性公约》和《蒙特利尔议定书》等国际环境公约,中国还是 2020 年《生物多样性公约》第十五次缔约方会议的主办国。中国在环境保护国际合作方面的真诚意愿和重大举措表明中国在全球生态文明建设领域的角色已发生重大转变,即由过去的追随者转变为议题塑造者、规则制定者、机制创新者和理念引领者,在全

---

① 中共中央宣传部:《习近平新时代中国特色社会主义思想学习纲要》,学习出版社、人民出版社2019 年版,第 208 页。

球治理体系中发挥与自身作为世界第二大经济体和最大的发展中国家地位相符的作用,全面提升了在全球环境治理体系中的制度性话语权,为全球环境治理体系改革贡献了中国智慧。

中国对全球生态文明建设抱以极大期望和热情,正如习近平所指出的:"人不负青山,青山定不负人。生态文明是人类文明发展的历史趋势。让我们携起手来,秉持生态文明理念,站在为子孙后代负责的高度,共同构建地球生命共同体,共同建设清洁美丽的世界!"[1]面对全球性生态危机,中国宣布将进一步提高国家自主贡献力度。中国作为全球生态文明建设的重要参与者、贡献者、引领者的地位和作用进一步彰显。中国方案、中国行动,为全球共谋生态文明建设、推进绿色复苏注入了新动力。

(二)共谋全球生态文明建设的时代价值

"共谋全球生态文明建设"重要理念之所以得到国际社会的广泛认可,是因为它提出了解决当前全人类共同面临的生态危机的新出路,为推进人类整体利益的发展指明了前进方向。因此,"共谋全球生态文明建设"的提出具有重要的时代价值。"我们要努力建设一个山清水秀、清洁美丽的世界。地球是人类的共同家园,也是人类到目前为止唯一的家园。"[2]人类是一个利益共同体,也是一个命运共同体,负有保护地球的共同责任。工业革命以来,人类

---

[1] 习近平:《论坚持人与自然和谐共生》,中央文献出版社 2022 年版,第 294 页。

[2] 习近平:《论坚持人与自然和谐共生》,中央文献出版社 2022 年版,第 94 页。

生产力取得了日新月异的发展,与此同时,工业文明也造成了各种各样的生态环境问题,如人口增长速度过快、资源消耗浪费严重等。这些问题严重威胁着人类的生存和发展,地球不堪重负、不堪其扰。在这些共同的生态危机面前,人类更紧密地成为一个命运共同体。

人类共同体面临的重要问题就是可持续发展问题。可持续发展又面临着气候变化、能源资源安全、生物多样性保护等问题的威胁,只有很好地解决这些全球性问题,人类才能实现可持续发展。2013 年,习近平在致生态文明贵阳国际论坛 2013 年年会的贺信中写道:"保护生态环境,应对气候变化,维护能源资源安全,是全球面临的共同挑战。"①2019 年,习近平在北京世界园艺博览会开幕式上的讲话中指出:"建设美丽家园是人类的共同梦想。面对生态环境挑战,人类是一荣俱荣、一损俱损的命运共同体,没有哪个国家能独善其身。唯有携手合作,我们才能有效应对气候变化、海洋污染、生物保护等全球性环境问题,实现联合国二〇三〇年可持续发展目标。只有并肩同行,才能让绿色发展理念深入人心、全球生态文明之路行稳致远。"②在其他不同场合,习近平再次指出:"人类只有一个地球,各国共处一个世界。共同发展是持续发展的重要基础,符合各国人民长远利益和根本利益。我们生活在同一个地球村,应该牢固树立命运共同体意识,顺应时代潮流,把握正确方向,

---

① 习近平:《论坚持人与自然和谐共生》,中央文献出版社 2022 年版,第 37 页。
② 习近平:《论坚持人与自然和谐共生》,中央文献出版社 2022 年版,第 231—232 页。

坚持同舟共济,推动亚洲和世界发展不断迈上新台阶。"①"生物多样性使地球充满生机,也是人类生存和发展的基础。保护生物多样性有助于维护地球家园,促进人类可持续发展。"②

在中国和其他国家的共同努力下,2015年9月,《改变我们的世界——二○三○年可持续发展议程》在联合国大会第七十届会议上正式通过,并于2016年1月1日正式启动。这标志着全球可持续治理新阶段的开始。该议程从社会、经济和环境三个方面明确了17项可持续发展目标,反映了全人类的共同愿景,也是世界各国领导人与各国人民之间达成的社会契约。其中第13项至第15项目标分别强调了应对气候变化、保护和可持续利用海洋资源以及保护陆地生态系统的重要性,对全球生态文明建设提出了明确要求。该议程在统筹兼顾各项发展诉求的基础上,从经济、社会和环境三方面确定了可持续发展目标,提出要实现"持久、包容和可持续的经济增长""建立和平、包容的社会",永久保护地球及其自然环境,强调"所有国家和所有利益攸关方将携手合作,共同执行这一计划"。《改变我们的世界——二○三○年可持续发展议程》将世界各国联系在一起,明确了各国在实现二○三○年可持续发展目标中不可推卸的责任和义务。由此可见,"共谋全球生态文明建设"是对二○三○年可持续发展议程的进一步深化,在明确世界各国关于生态环境

① 习近平:《习近平谈治国理政》,外文出版社2014年版,第330页。
② 习近平:《论坚持人与自然和谐共生》,中央文献出版社2022年版,第291页。

问题的共同利益基础上,为进一步改善全球生态环境指明了方向。

在第二十一届联合国气候变化大会上通过的《巴黎协定》,成为国际社会共同应对气候变化的又一座里程碑。"《巴黎协定》的达成启示我们,应对气候变化等全球性挑战,非一国之力,更非一日之功。只有团结协作,才能凝聚力量,有效克服国际政治经济环境变动带来的不确定因素。只有持之以恒,才能积累共识,逐步形成有效持久的全球解决框架。只有共商共建共享,才能保护好地球,建设人类命运共同体。"①这反映了作为发展中大国,中国为应对全球环境问题、维护国际环境安全、推动全球可持续发展作出了重大贡献。

(三)共谋全球生态文明建设应坚持的原则

人类只有一个地球,每个人都在享用,所以每个人都应履行责任去呵护它。事实证明,只有把人类看作一个利益共同体、命运共同体,国际社会才能携起手来,在应对包括气候变化在内的各种生态环境问题上一致行动。但在现实的国际环境下,每个国家又都是一个自利的个体,而生态环境保护的成果是公共产品,具有公益性,惠及全人类。因此,在生态环境保护领域树立人类命运共同体的理念是必要的,确立共同体活动的基本原则也是必要的。

一是坚持"共同但有区别的责任"原则。全球气候变化既有历史原因,也有现实原因。应该说,西方国家几百年工业化过程是造成全球气候变化的重

---

① 中共中央文献研究室:《习近平关于社会主义生态文明建设论述摘编》,中央文献出版社 2017 年版,第 140—141 页。

要原因,虽然现在看来大多数西方国家都山清水秀,环境保护做得非常好,但是从历史来看,他们应该承担更多的历史责任。同时,大多数发展中国家目前面临着紧迫而繁重的发展任务,确实也对全球气候变化产生了重要影响,因此,也应该负有一定的责任。所以,全球气候治理应该坚持公平、公正、合理的原则有序展开,应该秉承"共同但有区别的责任"的基本原则。在发展权和排放权之争中,要秉承正确的义利观,不同发展程度的国家承担不同的责任和义务,这样更有利于引导各国团结努力,共同构建清洁美丽的世界。

二是维护联合国的权威。联合国是当今国际社会最大的政府间国际组织,代表着全人类的共同利益,具有最高的权威性。联合国是国际环境与发展会议的发起者,国际环保机构的创建者,可持续发展观的倡导者,国际环境法的发展者。可以说,联合国是全球生态文明建设的主导,其地位和作用是任何国家和国际组织都无法取代的。世界环境发展事业离不开联合国,各国要不断维护联合国的权威,使联合国充分发挥在全球环境治理和应对气候变化领域中的作用。

三是充分发挥非政府组织、青年、企业等的作用。当前,非政府组织甚至个人在国际社会中越来越活跃,地位和作用越来越突出,便捷的社会交际工具和设施以及社会的多元化为非政府组织、青年、企业等发挥作用提供了条件和可能。非政府组织具有独立性、公益性、非政府性、志愿性、非营利性、专业性等特点,在联合国体系中能对国家政府政策、公众环保意识等方面产生重要影响。因此,要充分发挥非政府组织等的作用,以弥补政府和政府组织的缺陷。

四是关键在于行动。某种程度上,气候变化也是一场"利益博弈",不同国家都在为自身利益讨价还价,都在争取对自己有利的合作计划和方案。但博弈的结果,还是要付诸共同的行动,否则,各国自身的利益将不可避免地受到重大影响。因此,气候变化峰会的入场券是"大胆的行动"而不是"精彩的演讲"。几十年来,在联合国的倡导下,国际社会面对气候变化问题一直在谈判、交流,虽然存在矛盾和分歧、争吵和辩论,但气候变化大会总会在最后一刻达成某些协议。目前的问题是国际气候谈判进展缓慢、力度不大,因此,需要各国从全球生态文明建设的高度出发,采取切实可行的举措,发达国家要兑现向发展中国家提供的气候资金承诺,各国要不断夯实国家自主贡献方案,同舟共济,立即行动起来。

第三章　新时代生态文明建设的重大理论创新

新时代生态文明建设遵循新的理论,这一理论是一个博大精深、系统科学的理论体系,既坚持了马克思主义,也发展了马克思主义,发展了中国特色社会主义,是新时代我们党进一步推进马克思主义中国化、时代化、大众化的最新理论成果。作为习近平新时代中国特色社会主义思想的重要组成部分,新时代生态文明建设理论创新发展了马克思主义生态思想,把建设生态文明与坚持发展中国特色社会主义完整地统一起来:在"五位一体"总体布局中,生态文明建设是其中"一位";在新时代坚持和发展中国特色社会主义基本方略中,坚持人与自然和谐共生是其中一条基本方略;在新发展理念中绿色发展是其中一大理念;在三大攻坚战中污染防治是其中一大攻坚战。新时代生态文明建设一系列重大理论和实践创新,不仅丰富了马克思主义生态理论,而且标志着中国特色社会主义思想在新时代的创新发展。

一、发展了马克思主义生态观

新时代生态文明建设理论是立足于马克思主义基本原理发展而来的,是把马克思主义基本原理尤其是马克思主义生态观和当代中国生态文明建设实践相结合而得出的理论创新成果,彰显了对马克思主义生态观的发展与回归。新时代生态文明建设理论的若干重要论断,比如"山水林田湖草沙冰是一个生命共同体""保护生态环境就是保护生产力""绿水青山就是金山银山"等,不仅传承着马克思、恩格斯的人与自然和谐共生、相互依存的思想,与社会主义生态观融为一体,更开启了以整体观、系统观促进中国生态文明建设的新方向、新局面,是对马克思主义生态理论的深度升华,是马克思主义生态理论中国化的最新成果。

(一)对马克思主义自然观的重大发展

新时代生态文明建设理论最突出的理论贡献就是在自然观上尤其是人与自然的关系方面实现了对马克思主义自然观的重大发展。围绕生态文明的基本命题,即人与自然的关系,新时代生态文明建设体现了许多新的理论观点,丰富拓展了马克思、恩格斯的"两个和解"理论。马克思毕生的理想是实现人的解放,实现人的解放用马克思主义理论话语来表达就是实现"两个和解":一个是人与人关系的"和解",另一个就是人与自然关系的"和解"。实现人与自然、人与人关系的"和解",由此实现两者的高度和谐,这是马克思主义理论的最高价值追求。人与自然关系的"和解"理论,也就是马克思的人与自然关系理论。在人与自然的关系问题上,马克思基本的观点是人是自然的一部分,人依赖自然,但又超越自然。马克思、恩格斯从实践观出发科学论述了人与自然的关系。在马克思、恩格斯的时代,一方面,由于人对自然的掌控还达不到今天这样的程度；另一方面，当时无论是从科学技术上，还是从人与人的关系上即当时的社会制度和社会关系上讲，人还不能真正处理好与自然的关系。恩格斯在《国民经济学批判大纲》中提道："我们这个世纪面临的大转变，即人类与自然的和解以及人类本身的和解。"①总体上，这一时期对人与自然的关系的认识还是比较抽象和宏观的。到了今天，人类经济社会的发展规模空前巨大，人类能面对的自然更加辽阔宽广，人与自然的关系就更加复杂和具体。在此背景下，我们党对人与自然的关系有了更加深入的认识。

在马克思那里，所谓"和解"，具有"解放""和谐"的意思。人与人之间的"和解"，就是改变当时人剥削人、人压迫人的资本主义社会制度，建设人人自由平等的共产主义新社会。而"人类与自然的和解"，是指人类作为自然界的一部分，自然界为人类提供物质基础，人的生产生活的一切物质资料都源于自然界，人应该尊重自然、保护自然。但资本主义制度下人对人的剥削关系决定了人对自然的剥夺，资本主义的这种不合理的社会制度加剧了对生态环境的破坏。所以，要改变人对自然的剥夺，就必须改变资本主义制度。我国社会主义制度的建立为正确处理人与自然的关系奠定了重要的政治和制度基础，社会主义本身与生态文明建设是相契合的、是内在统一的。从根本上讲，社会主义追求公平正义、以人民为中心、社会和谐等价值，与生态文明建

---

① ［德］卡尔·马克思，［德］弗里德里希·恩格斯：《马克思恩格斯选集》（第一卷），中共中央马克思恩格斯列宁斯大林著作编译局编译，人民出版社 2012 年版，第 24 页。

设的价值追求是一致的。我们应该发挥社会主义的制度优势,在生态文明建设上有所作为。

我们党在继承马克思主义"两个和解"理论的基础上,立足新时代生态文明建设实际,在如何处理人与自然的关系上提出了若干重要论断。比如,对人与自然的关系、生态环境保护与发展的辩证统一关系,习近平作了一系列全面、透彻的论述。他指出:"自然界是生命之母,人与自然是生命共同体,人类必须敬畏自然、尊重自然、顺应自然、保护自然。"[①]这里所强调的"人与自然是生命共同体",是对马克思的"自然是人的无机的身体"的认识的超越。把自然看作是与人的生命紧密相连、息息相关的东西,更加准确地表达了人与自然之间的统一性,有利于人们在利用和改造自然的过程中,以更加友好的方式对待自然,而不能像对待无生命的物质那样残忍和野蛮。他还指出,生态兴则文明兴,生态衰则文明衰。把自然和文明兴衰发展联系起来,更加强调了自然的基础性地位和决定性作用,从而得出中华民族的伟大复兴必须建立在良好的生态环境基础之上这一重大论断,进而要求全党全国各族人民"必须树立和践行绿水青山就是金山银山的理念,坚持节约资源和保护环境的基本国策……坚定走生产发展、生活富裕、生态良好的文明发展道路,建设美丽中国,为人民创造良好生产生活环境,为全球生态安全作出贡献"。[②] 我

① 习近平:《论坚持人与自然和谐共生》,中央文献出版社 2022 年版,第 225 页。
② 习近平:《决胜全面建成小康社会　夺取新时代中国特色社会主义伟大胜利——在中国共产党第十九次全国代表大会上的报告》,人民出版社 2017 年版,第 23—24 页。

们党对自然的重要地位、重要作用的新认识、新概括以及对自然保护的高度重视,把人与自然、生产与生活的辩证统一关系讲得十分深刻、十分精辟、十分到位。

新时代生态文明建设理论对马克思主义自然观的另一重大发展是深化了对人与自然关系的认识,在人与自然的关系方面,更加提升了自然的地位。习近平提出的"山水林田湖草是一个生命共同体""人与自然是生命共同体"等重要论断,极大地提升了自然的地位,并从伦理的角度提出了对自然进行保护的要求。当然,我们不是绝对的"生态中心主义者",不可能实现人的生命与自然界中的动植物的生命完全价值相等,但这启发和警示我们,不仅不能再像过去那样野蛮地对待自然,而且必须以更加文明、更加友好的方式对待自然。

从马克思提出的"自然是人的无机的身体"到习近平提出的"人与自然是生命共同体",这是对人与自然的关系认识的重大创新,升华了马克思的人与自然是一个整体的思想。在马克思的理论视野中,自然是人的生命存在与实践发展的基础,自然体现出的是相对于人而言的"客体性",即马克思所说的"无机"性,"无机"就是强调自然对于人的基础性而不是决定性。习近平在继承马克思关于"自然是人的无机的身体"的理论基础上,提出"山水林田湖草是一个生命共同体""人与自然是生命共同体"等重大论断,认为自然界是一个统一的生命系统,赋予自然以"生命"内涵,当自然具有"生命"的内涵时,它就不仅仅是人的实践活动的客体对象,而是与人类社会构成一个内部相互关联、相互影响的生命系统。人与自然组成的生态系统形成一个有机生命体,由"无机"向"生命"的激活,体现了自然本身的生命灵动,也表明了在当代、在人与自然的关系中,自然的地位得到进一步提升。同时,将自然界置于与人类具有同等生命地位的伦理高度,更能激发人对自然生命的敬畏之感。因此,"生命有机体"这一理念深化了马克思关于"自然是人的无机的身体"的理论。

新时代生态文明建设理论对于人与自然关系的新的深刻认识,既是当今人与自然深度结合必然遵循的新规律,也是新时代正确处理人与自然关系的必然要求,更是指导我们正确处理人与自然关系的实践遵循。正是基于对人与自然关系的深刻认识,我们提出自然生态的"一体化生态保护",生动形象地指明了人对自然界保护的新路径,即"深入实施山水林田湖草一体化生态保护和修复"。从对象上看,这一保护理念将山、水、林、田、湖、草等自然元素看作紧密相连的有机体,尤其是人和其他万物的关系,不再是以往的主宰和被主宰、支配和被支配的关系,而是"有机"的联系,既然是"有机"的,就不能随意割断联系,割断联系意味着人类自己也要受到伤害。要保护,就得把握住相互间的联系和关系,从根本入手,将治山、治水、治林等不同治理主体协同关联起来,发挥大治理协同主体的整合作用。这一立体化生态保护观拓宽了传统保护观,丰富了马克思主义关于生态保护的方法论。

从"人与自然和解"到"人与自然是生命共同体",实现了理论发展的重大创新,体现了新时代生态文明建设理论对马克思主义的原创性贡献。马克思、恩格斯提出的人与自然的"和解",已经具有理论先进性,但回过头来再看,人与自然的"和解"是建立在实践基础上的一种"外生"关系,实践使人从自然界中脱离出来,实践又使人改造和利用自然界,这主要还是从自然作为"外物"为"我"所用的角度去处理二者之间的关系。而"人与自然是生命共同体"则强调了"人"与"自然"的一致性和平等性,在当下人类社会的发展越来越依赖于自然、自然空间越来越"人化"的背景下,强调人与自然的一致和谐,强调自然越来越重要的地位,是马克思主义人与自然关系思想在当代的创新发展。

(二)对马克思主义生产力思想的发展

马克思的历史唯物主义观点认为,生产力是人类社会发展的最终决定力量,是最活跃、最革命的要素,人类社会就是在生产力的推动下不断从低级发展阶段迈向高级发展阶段。过去,我们对生产力的概念理解得过于简单,其实生产力本身是一个极其复杂的系统,涉及人类社会内部、自然诸要素以及二者的结合等各个方面。通常来讲,生产力包括劳动主体、劳动资料和劳动对象三个基本要素,其中劳动对象主要是被纳入人类实践范围的自然。在不同的时代,生产力各要素在生产力中发挥的作用不尽相同。

在马克思、恩格斯生活的时代,他们见证了资本主义大工业的发展所创造出的空前的物质财富,这时候的生产力,着重强调人类为满足生存发展对自然进行改造和利用的实践能力,尤其是人类利用新的科学技术、现代化的生产工具征服和改造自然的能力,生产力的发展体现为人改造自然能力的大小,比如,人类掌握的工具越先进,劳动效率越高,生产力就越发达。所以,以往人们对生产力强调更多的是人类能力的增强,包括先进的科学技术和先进的生产工具等,自然在生产力系统中的基础性作用被严重低估、忽视或无视。实际上,自然资源是生产力本身重要的组成部分,马克思、恩格斯早就表达过这种观点,即各种自然资源,比如河流中的鱼、森林、草原等本身就是生产力的组成部分,但在长期的发展过程中,我们却忽视了这一点,反而以牺牲生态环境为代价换取一时的经济增长,从而破坏了生产力。新时代,习近平创造性地提出"生态也是生产力""保护生态环境就是保护生产力,改善生态环境就是发展生产力"等思想,极大地发展了马克思主义的生产力思想。

在马克思、恩格斯看来,自然作为生产对象是以"个体"状态存在的,比如,某个地区的森林、矿藏、渔业等各类资源,在不同的领域和时空条件下,成为人们的劳动对象或劳动资料。随着人类实践能力的提高,能纳入人类实践活动的自然资源也越来越多。不同地方的这些资源因其在不同的环境下进入人的实践,因此具有"个体"性的特征。随着人们实践能力的提升,人们能够探寻到的自然越来越大,人的认识范围之外的自然越来越小,自在自然范围日益缩小,"人化"自然范围日益扩大,自然事物越来越多地被纳入劳动对象的范围。人与自然接触和交往越密切,对自然与人类经济社会发展关系的认识就越深入,自然的生产力属性体现得就越真切。

习近平提出:"保护环境就是保护生产力,改善环境就是发展生产力。"①"生态也是生产力""黑龙江的冰天雪地也是生产力"等新的重大论断,极大地丰富了生产力的内涵。从上述论述中可以看出,习近平把自然环境作为"整体"纳入生产力范畴,这可以从两个方面来理解:一方面,作为"个体"的自然要素,比如各类资源,像森林、石油、矿产等,仍然是当今经济活动不可或缺的物质,离开了它们,就不会创造出任何成果,这些自然要素依然是各种财富的来源,是生产力的基础和重要组成部分;另一方面,习近平的上述论断着重强调的是作为"整体"的自然环境本身就是生产力,这一认识突破了以往只注重单个要素不注重整体,甚至为了获取一时生产力的发展而不顾后果的状况,结果造成在发展生产力的同时也在破坏生产力的结果。习近平将自然环境作为生产力发展的内生要素,而不只是作为生产力发展的手段途径,这是对马克思主义生产力理论的回归,也是对马克思主义生产力理论的发展。这一创新性理念将自然环境的保护置于更加重要的地位,突破了把生产力发展与环境保护建立在对立模式上的传统思维,实现了利用、保护自然环境与发展生产力的有机统一,丰富了中国特色社会主义政治经济学中关于生态生产力

---

① 中共中央文献研究室:《习近平关于社会主义生态文明建设论述摘编》,中央文献出版社 2017 年版,第 12 页。

的理论学说。

从"个体"化自然生产力向"整体"性生态生产力的拓展,集中体现为"两山"理论。"绿水青山就是金山银山"是重要的发展理念,这一理念实现了从可持续发展到绿色发展的创新,是可持续发展理念的时代体现,也是习近平生态发展观的集中体现。它是对把经济发展和环境保护对立起来的传统发展观的重大突破,实现了经济的生态向度与生态的经济向度的有机统一,建构了生产与生态之间关系的新范式。由此,经济发展和环境保护不再是一种此消彼长的"零和博弈",而是互存同异的"共生双赢"。在不同的发展理念下,自然生态环境被赋予了不同的地位和作用。在传统发展观念下,以"绿水青山"为代表的自然生态环境是"被动型"的劳动对象,人们之所以关照它,是因为自然生态环境的保护关系到人类生产发展需求,保护好自然生态,根本上是为了利用它。在绿色发展理念的指导下,"绿水青山"代表的自然环境与人类社会是一个生命共同体。"绿水青山"不但作为劳动对象为人类带来财富,而且它本身就是财富,是人类社会的生命前提,应被置于保护的首位。正如习近平指出的,宁要绿水青山,不要金山银山。这说明绿水青山在人类社会发展中具有重要的基础性地位,不能等到破坏了再去保护,而应在发展中保护,在保护中发展。

以"两山"理论为集中体现的绿色发展理念,实际上是对马克思主义生产力理论的重大发展和创新,揭示了环境保护与生产发展的辩证统一关系,突破了将生产发展与环境保护对立起来的僵化思维模式,并将环境保护置于首位,赋予生产发展以更重要的物质前提。所以,以"两山"理论为集中体现的绿色发展经济学,丰富了马克思主义的发展学说,成为中国特色社会主义政治经济学的新内容。

二、深化了对社会主义发展规律的认识

认识事物发展规律是有效推动事物发展的基础和前提,进行社会主义现代化建设,必须把握社会主义社会发展规律。实践证明,把握住社会主义建设规律,社会主义建设就能顺利推进,社会主义建设就会在正确的轨道上运行。否则,社会主义建设就会出现重大失误,遭受重大挫折。改革开放以来,我们党不断深化对社会主义建设规律的认识和把握,在实践中推动社会主义始终沿着正确的方向前进。新时代生态文明建设回答了为什么建设生态文明、怎样建设生态文明、建设什么样的生态文明等重大理论问题,促进了我国生态文明建设理论与时俱进,深化了我们党对社会主义建设规律的认识。

(一)生态文明是人类文明发展的历史趋势

习近平在《在庆祝中国共产党成立 100 周年大会上的讲话》中指出:"我们坚持和发展中国特色社会主义,推动物质文明、政治文明、精神文明、社会文明、生态文明协调发展,创造了中国式现代化新道路,创造了人类文明新形态。"①从这一重要论断中我们可以看出,生态文明和人类文明新形态有着密

---

① 习近平:《在庆祝中国共产党成立 100 周年大会上的讲话》,人民出版社 2021 年版,第 13 页。

切关联,从某种程度上说,生态文明就是迈向人类新文明的基础和桥梁。大力推进生态文明建设,是人类文明发展进步的必然要求。

"文明"与"蒙昧""野蛮"相对立,自从人类慢慢从自然中分化出来,有了改造自然的能力,脱离茹毛饮血的野蛮状态,文明就逐渐发展起来。所以,文明是人类社会发展中的进步状态,是人类社会发展到一定阶段的产物。划分文明发展阶段的主要要素是生产方式,不同的生产方式,决定着人类文明发展的不同形态。历史上,人类社会先后经历了渔猎文明、农耕文明和工业文明,在这些不同文明的发展进程中,生态环境是影响人类文明兴衰的重要因素。"生态兴则文明兴,生态衰则文明衰。生态环境是人类生存和发展的根基,生态环境变化直接影响文明兴衰演替。"①

原始文明阶段,是人类文明萌芽的最初阶段。那时,人类的能力极其有限,只能依靠自然而生存,凭借简陋的自然工具获取食物。狩猎和采集是重要的生产劳动,火、石器、弓箭是重要的谋生工具。燧人氏发明的"堆木造火,钻燧取火"的方法被推广开来,人类从此逐渐告别野蛮时代,进入吃熟食的时代,即进入文明时代。在这一时期,人类的能力还非常弱小,只能依靠适合的环境才能生存。因而,这一时期文明的形成主要受自然生态环境的影响,人类并没有完全从自然中分离出来,人类所需的吃的、穿的、住的和采集食物等就在自然之中,一些气候温和、水源丰富、林地茂密的地区往往成为古文明的

---

① 习近平:《论坚持人与自然和谐共生》,中央文献出版社 2022 年版,第 2 页。

摇篮。这一时期的人类,还处于一种维系生存的状态,人类顶多只是大自然中的一个物种,其活动对生态环境的影响极为有限,人与自然没有绝对的界限,人基本上以物的生存方式适应自然。经过与自然界长期艰苦卓绝的斗争,人类逐渐掌握了一定的自然规律,并利用这些规律来让自己生活得更好。在这一过程中,人类开始把自己从动物和自然界中分离出来。所谓的"明于天人之分",也就是意识到自我和外物并不相同,因而产生了一种以自我为中心的自觉意识。但整体来看,人在这一时期更多的是被动地受制于自然,盲目地崇拜自然、顺从自然,人对自然的影响极其有限,人类文明的发展还处于萌芽阶段。

后来,随着人类活动范围的不断扩大,人类掌握了更先进的生产工具,逐渐在比较适宜的地方固定下来,这样就进入了农业文明阶段。相比于原始文明阶段,农业文明的生产方式有了很大变化,此时人类主要的生产活动是农耕业和畜牧业,人们开始固定地种植一些农作物,饲养一些牲畜。在生产工具方面,人们开始制造和使用青铜器、陶器和铁器等工具,特别是铁器农具的使用,大大提高了农业生产的效率,人类改造自然的能力得到很大提升。无论是种植农作物还是饲养牲畜,都需要适宜的气候、肥沃的土地和茂密的草原,所以历史上农业文明发达的地区一般分布在大江大河流域。农业文明对后世文明的发展产生了重大影响。在这一时期,人类为了自身生存与发展的需要,开始了自觉和不自觉地征服和改造自然的活动。特别是农业文明发展的末期,随着人口数量的不断增多,人类活动对周围环境的影响不断扩大,破坏了农业文明发展的条件,人类发展与生态环境之间的矛盾开始凸显。"生态环境衰退特别是严重的土地荒漠化则导致古代埃及、古代巴比伦衰落。我国古代一些地区也有过惨痛教训。古代一度辉煌的楼兰文明已被埋藏在万顷流沙之下,那里当年曾经是一块水草丰美之地。河西走廊、黄土高原都曾经水丰草茂,由于毁林开荒、乱砍滥伐,致使生态环境遭到严重破坏,加剧了经济衰落。"①上述地方的生态破坏导致农业生产衰落,农业文明不可避免地走向衰落。

西方工业革命以来,人类社会进入资本主义快速发展的时代,以珍妮纺纱机和瓦特蒸汽机的使用为标志的英国工业革命,开创了机器大生产的生产方式。机械化工具的发明和广泛使用标志着人类的能力大大提升。19 世纪60 年代开始的第二次工业革命,世界由"蒸汽时代"进入"电气时代",电力的广泛使用,大大提高了生产效率。资本主义通过以蒸汽和电力为动力的机器大工业的发展,产业部门得到迅速扩展,以机器制造为基础,扩展到采矿业、能源和原材料生产、石油和石油化工业、冶金和金属加工业、汽车和飞机制造等交通运输业、建筑业、医疗和服务业等产业,人类迈入机械化、自动化、电气化和现代化时代。创造了巨大的物质财富的现代社会,形成了以"人是自然的主人"为哲学基础的工业文明。工业文明强调人类对自然的征服,人类以

---

① 习近平:《论坚持人与自然和谐共生》,中央文献出版社 2022 年版,第 2 页。

地球主人的姿态对地球立法、为世界定规则。

马克思在那个时候已经意识到工业文明带来的巨大问题,他指出:"资本主义生产一方面神奇地发展了社会的生产力,但是另一方面,也表现出它同自己所产生的社会生产力本身是不相容的。它的历史今后只是对抗、危机、冲突和灾难的历史。"①马克思虽然没有指明资本主义今后的对抗、危机和冲突包括生态危机,但是对资本主义的基本矛盾的揭示,已经表明生态问题是资本主义内在的矛盾。世界历史的发展也证明了这个判断:20世纪,在世界范围内,震惊世界的环境污染事件频繁发生。其中有八起最严重的污染事件,史称"八大公害"事件。特别是第二次世界大战结束之后,资源消耗日渐超过自然承载力,污染排放也逼近环境容量的阈值。环境与发展之间的矛盾日益尖锐,这与工业化时代的发展观念有着很大关系。当时无论是已经实现工业化的发达国家,还是正在加速实现工业化的发展中国家,都认为发展就是物质财富的增长,就是明天比今天、明年比今年增长得更多。

对增长无穷无尽的追求,不但给生态环境带来了极大的压力,也造成文明发展的不平衡、不和谐。人们的生活环境被污染,水污染、大气污浊、土壤中的各种污染物超标,曾经支撑起工业化的重要资源——煤炭、石油和其他化石能源正日渐枯竭。2010年10月,世界自然基金会(WWF)公布的一份

---

① [德]卡尔·马克思,[德]弗里德里希·恩格斯:《马克思恩格斯全集》(第十九卷),中共中央马克思恩格斯列宁斯大林著作编译局编译,人民出版社1963年版,第443页。

报告指出,人类对自然资源的需求约比 40 年前翻了一番,要维持现有的消费生活需要 1.5 个地球,到 2030 年将需要 2 个地球。工业文明虽然创造了巨大的物质财富,但社会贫富差距大、社会文化和道德领域问题突出、生态环境难以持续,这就是工业文明发展的总体现象。

当然,近半个世纪以来,在巨大的环境压力面前,西方发达国家也进行了严格的环境保护立法和执法,巨额的资金投入到建设规模庞大的环保产业中,加强环境污染治理。同时,通过产业结构调整、产业升级和产业转移,形成了所谓"局部有所改善"的现状。但是,环境问题是系统性问题,当它以生态系统的形式表现出来时,局部行动和局部改善,就显得毫无成效。事实上,西方工业化国家生态环境的改善是以牺牲发展中国家的权益为代价的。这种做法不是真正解决环境问题,而只是转移问题。

当今时代,人类正在逼近环境恶化的"引爆点",不仅区域性的环境污染和大规模的生态破坏问题严重,而且全球性环境问题日益严峻,臭氧层破坏、酸雨、物种灭绝、土地沙漠化、森林衰退、海洋污染、野生物种锐减、热带雨林减少、土壤侵蚀等,大范围生态破坏和全球性的生态危机,严重威胁着整个人类的生存和发展。工业文明发展带来的生态环境问题让我们不得不思索人类文明的前途命运。地球是人类共同的家园,每个国家、每个民族都依靠地球而生存,每个国家、每个人都有保护地球的义务。西方资本主义国家为了追求资本的最大利润,只管自己发展,不管生态环境的保护,不管其他发展中国家的生态环境需求,更直接地说,不考虑整个人类发展的前途命运,这是不公正的,也是不道义的。

习近平深刻指出:"很多国家,包括一些发达国家,在发展过程中把生态环境破坏了,搞起一堆东西,最后一看都是一些破坏性的东西。再补回去,成本比当初创造的财富还要多。"①要解决这种基本矛盾,克服全面危机,实现永续发展,就必须抓好生态文明建设。"走美欧老路是走不通的。"②我们建设现代化国家,需要建设生态文明。只有建设生态文明,人类文明才有未来,人类才有未来。这是一种社会的全面转型,是一种光荣的历史使命。

我们批判资本主义生产方式对生态环境的破坏,不是不让资本主义国家发展,也不是我们自身不发展,而是我们要懂得应以何种理念指导发展、以何种方式推动发展才更有利于人与自然的和谐,有利于人类可持续发展。对于这个问题,新时代生态文明建设作出了正确的选择——在发展理念上,坚决贯彻新发展理念,坚持走绿色发展道路,推行生态化的生产方式。纵观人类文明形态的历史演进,每一次生产方式的大发展、大变革,都遵循和伴随着文明与生态的更替规律、历史交融和自然转换。当今时代,环境污染、生态破坏、资源短缺,是威胁人类生存的全球公害。"我们在生态环境方面欠账太多

---

① 中共中央文献研究室:《习近平关于社会主义生态文明建设论述摘编》,中央文献出版社 2017 年版,第 3 页。
② 中共中央文献研究室:《习近平关于社会主义生态文明建设论述摘编》,中央文献出版社 2017 年版,第 3 页。

了,如果不从现在起就把这项工作紧紧抓起来,将来付出的代价会更大。"①
中华民族具有五千多年连绵不断的文明历史,为人类文明进步作出了不可磨灭的贡献。我们一定要遵循生态与文明发展的历史规律,大力推进生态文明建设,为人类文明的创新发展贡献自己的智慧和力量。

(二)社会主义生态文明是人类文明发展的新形态

社会主义社会是全面发展、全面进步的社会,这是由社会主义的性质、本质所要求和决定的。党的十八大以来,我们党带领人民走出了一条中国式的现代化道路,开创了人类文明的新形态。中国式现代化道路的内涵非常丰富,大力推进生态文明建设是其非常重要的组成部分。生态文明建设虽然在中国道路中出现得较晚,但却有着特殊的地位和作用。大力推进生态文明建设,更加体现出我们的发展道路和资本主义发展道路的区别,体现出社会主义作为一种文明新形态同资本主义文明的差异,凸显出社会主义文明的光明未来和前景。

党的十八大以来,中国特色社会主义进入新时代,使近代以来久经磨难的中华民族迎来了从站起来、富起来到强起来的伟大飞跃的历史时刻。我们党作为党和国家事业的领导核心,更加致力于"更好满足人民在经济、政治、文化、社会、生态等方面日益增长的需要,更好推动人的全面发展、社会全面

---

① 中共中央文献研究室:《习近平关于社会主义生态文明建设论述摘编》,中央文献出版社 2017 年版,第 3 页。

进步",①表达出对"我国物质文明、政治文明、精神文明、社会文明、生态文明将全面提升"②的坚定信心。

工业文明带来生态危机,促使人类社会必须为文明发展寻找新的出路。尤其在 19 世纪末至 20 世纪初,随着帝国主义的发展,在国与国、人与人之间社会关系矛盾尖锐化的同时,全球性、区域性生态危机的持续爆发,使人与自然生态的矛盾十分尖锐地呈现出来,集中表现为全球性的环境污染、生态系统破坏和资源短缺等综合性、复合性问题。人类为了不被自己创造的文明毁灭,就必须创造出新的发展方式、新的文明形态。生态文明就是工业文明的必然选择。

首先,生态文明是对工业文明的科学扬弃。生态文明不是横空出世,而是历史发展的必然。"生态文明是人类社会进步的重大成果。人类经历了原始文明、农业文明、工业文明,生态文明是工业文明发展到一定阶段的产物,是实现人与自然和谐发展的新要求。"③工业文明在人类历史发展过程中创造了巨大的物质财富和先进的科学技术,促进了不同民族、地区和文化的交流,极大地推动了人类解放,把人类文明的发展推进到一个新的高度。但是,

---

① 习近平:《决胜全面建成小康社会　夺取新时代中国特色社会主义伟大胜利——在中国共产党第十九次全国代表大会上的报告》,人民出版社 2017 年版,第 11—12 页。
② 习近平:《决胜全面建成小康社会　夺取新时代中国特色社会主义伟大胜利——在中国共产党第十九次全国代表大会上的报告》,人民出版社 2017 年版,第 29 页。
③ 中共中央文献研究室:《习近平关于社会主义生态文明建设论述摘编》,中央文献出版社 2017 年版,第 6 页。

工业文明的发展也有资本主义生产方式造成的难以克服的问题。工业文明的不断扩张,使得地球已经过度承载了其能承载的东西。工业文明虽然也在努力克服发展过程中带来的生态环境问题,但其"一物降一物"的理念并不能从根本上解决问题,"头疼治头、脚疼治脚"的污染治理方式往往是"摁下葫芦起来瓢",生态系统的整体性要求必须创新人类文明的发展方式。当然,工业文明为生态文明的发展奠定了良好的基础,没有工业文明创造的高度发达的物质文明和科学技术,就不可能有生态文明。生态文明不是空中楼阁,作为更高层级的文明,其必须建立在坚实的基础之上。但反过来,不加强生态文明建设,传统的工业文明是没有出路的。

其次,生态文明的兴起是现代社会生产力发展和变革的必然结果。实现由工业文明向生态文明发展的转型,这既是人类社会的主观要求和良好愿景,同时也是历史发展的必然结果。当今时代,科学技术突飞猛进,极大扩大和加深了人们对自然的认知,各种生态友好型的新的科学技术不断出现,有力地促进了生态保护和污染治理。从生产方式这个角度来看,以生态技术、循环利用技术、系统管理科学和复杂系统工程、清洁能源和环保产业技术等为特色的科学技术日益成为生产力发展和经济增长的内在驱动因素,使生态化生产方式蓬勃兴起,产业结构发生绿色转向。中国特色社会主义进入新时代,我们坚持新发展理念的引领,坚持高质量发展,更加深刻认识到绿色发展代表了当今科技和产业变革的新方向;更加自觉地把推动绿色发展既作为解决历史污染问题的根本之策,又作为构建高质量现代化经济体系的根本之策。纵观人类社会不同文明发展阶段的生产力发展状况的产业特征,不同社会文明形态后一阶段与前一阶段乃至更前阶段的发展内容与表征存在很大程度的竞合。工业文明孕育了生态文明。可以预见,生态文明社会既是不以人的意志为转移的客观存在,就其发展历史阶段而言,又是人类社会文明发展的较高阶段、较高形态,是人类文明进步的新形态。

最后,我们党高瞻远瞩,表达了建设社会主义生态文明的坚强意志和决心。在深入把握人类文明发展规律的基础上,新时代生态文明建设以当代工业文明和科学技术发展现状及其历史趋势为研究对象,深刻揭示了工业文明社会发展到一定阶段后如何建设人与自然和谐共生的现代化社会的特殊规律。党的十八大报告提出:"我们一定要更加自觉地珍爱自然,更加积极地保护生态,努力走向社会主义生态文明新时代。"[①]党的十九大报告指出:"我们要建设的现代化是人与自然和谐共生的现代化,既要创造更多物质财富和精神财富以满足人民日益增长的美好生活需要,也要提供更多优质生态产品以满足人民日益增长的优美生态环境需要。必须坚持节约优先、保护优先、自然恢复为主的方针,形成节约资源和保护环境的空间格局、产业结构、生产方

---

① 胡锦涛:《坚定不移沿着中国特色社会主义道路前进 为全面建成小康社会而奋斗——在中国共产党第十八次全国代表大会上的报告》,《光明日报》2012 年 11 月 18 日,第 4 版。

式、生活方式,还自然以宁静、和谐、美丽。"①"生态文明新时代""人与自然和谐共生的现代化"的提出,是中国生态文明建设理论和实践对人类文明的巨大贡献。"生态文明新时代"说明人类文明在经历了人屈服于自然的原始文明、人与自然和谐相处的农业文明、人征服改造自然但自然也报复人类的工业文明之后,将迎来人与自然和谐共生的新的文明时代。在这个时代,生态文明上升到了人类社会发展的一个特定时代的高度,这是新时期新阶段我们党关于生态文明建设的又一次理论创新。

努力走向社会主义生态文明新时代,是人类文明发展规律和演化逻辑的必然要求。走向社会主义生态文明新时代,我们党就生态文明与社会主义关系范畴提出诸多崭新的科学论断。比如:中国特色社会主义的总体布局是"五位一体",生态文明建设是总体布局的重要内容;建设生态文明是党中央治国理政总方略——"四个全面"战略布局的重要内容;建设生态文明是实现中华民族伟大复兴的中国梦的重要内容;建设富强民主文明和谐美丽的社会主义现代化强国。可以说,"五位一体"总体布局凸显了生态文明建设的战略地位及如何认识社会主义生态文明建设的问题;"四个全面"战略布局凸显了生态文明建设的战略举措及怎样建设生态文明的问题;"中国梦"伟大愿景凸显了生态文明建设的历史使命、为什么建设生态文明的问题;建设富强民主

---

① 习近平:《决胜全面建成小康社会 夺取新时代中国特色社会主义伟大胜利——在中国共产党第十九次全国代表大会上的报告》,人民出版社 2017 年版,第 50 页。

文明和谐美丽的社会主义现代化强国,既表明生态文明建设在社会主义现代化建设总目标中的应有地位,又极大凸显出生态文明建设的伟大目标、实现愿景。

习近平指出:"新世纪以来,从非典到禽流感、中东呼吸综合征、埃博拉病毒,再到这次新冠肺炎疫情,全球新发传染病频率明显升高。只有更好平衡人与自然的关系,维护生态系统平衡,才能守护人类健康。要深化对人与自然生命共同体的规律性认识,全面加快生态文明建设。生态文明这个旗帜必须高扬。"①开启社会主义生态文明新时代,生态文明这个旗帜一定是高高举起的,中国共产党首倡的生态文明建设为中国文明发展之路、中国式现代化之路和人类文明新形态,贡献了不可或缺、独特壮观的生态智慧。我们走凸显绿色底色的中国式现代化新道路,在全球范围内高举生态文明作为人类文明新形态的大旗,将创建一种人类与自然、消费与生产、物质与精神、国家与国家、政治与文化之间平衡协调的新关系,并在这种新关系中建立一个生态化、智能化、低能耗的全人类共享的新文明。

(三)把生态文明建设纳入"五位一体"总体布局,实现社会主义发展的整体性和协调性

党的十八大以来,中国特色社会主义进入新时代,我国发展面临新的环境、新的条件和新的目标任务的考验。如何有效破解资源环境约束,实现经

---

① 习近平:《论坚持人与自然和谐共生》,中央文献出版社 2022 年版,第 249 页。

济高质量发展？如何实现经济社会、人与自然的和谐，建成富强民主文明和谐美丽的社会主义现代化强国？解答这些时代课题，就必须深入把握新时代社会主义建设规律。党的十八大鲜明提出建设社会主义生态文明，走社会主义生态文明发展道路，经济、政治、文化、社会、生态文明"五位一体"统筹推进。这些重要的战略部署，体现了我们对新时代社会主义现代化建设规律认识的进一步深化。

"五位一体"总体布局实现了社会主义现代化建设的全面性。"五位一体"总体布局最突出的变化就是增加了生态文明建设这一内容，其作用不仅仅是加强环境污染治理这一个方面，其效果将是全局性的，因为"建设生态文明是一场涉及生产方式、生活方式、思维方式和价值观念的革命性变革"。①改革开放以来，我们党在领导人民建设社会主义现代化过程中，始终坚持以经济建设为中心，同时大力推进社会主义民主政治建设、社会主义经济建设、社会主义社会建设、社会主义文化建设，取得了重大成就。但不可否认，发展过程中的矛盾和问题也有很多。其中，资源约束趋紧、环境污染严重、生态系统退化问题日益严峻，生态破坏与实现中华民族伟大复兴的矛盾越来越突出，资源短缺与经济可持续发展的矛盾越来越突出，环境污染与人民对美好生活的需要的矛盾越来越突出，生态环境问题已经成为全面建成小康社会的

---

① 中共中央宣传部：《习近平总书记系列重要讲话读本(2016 年版)》，学习出版社、人民出版社 2016 年版，第 239 页。

突出短板和重大制约。这说明,社会主义现代化建设仅仅有经济建设、政治建设、文化建设、社会建设是不够的,生态破坏、环境污染等对经济社会发展的制约很大、对人民的生活健康影响很严重。只有大力推进生态文明建设,解决生态环境问题,实现社会的全面发展,才能使我们建设的社会主义社会不但经济发达、政治民主、文化昌盛、社会和谐,而且生态环境良好,建成全面发展的社会主义社会。所以,党的十八大明确地把生态文明纳入建设中国特色社会主义总体布局。从"两个文明"到"三大建设",再到"四位一体""五位一体",这表明我们党对什么是中国特色社会主义的认识更加深刻,对建设中国特色社会主义的规律的把握更加深入,从而使中国特色社会主义道路更加完善,全面建成小康社会目标更加系统,中国特色社会主义事业更加稳固扎实、兴旺发达。

"五位一体"总体布局实现了社会主义发展的整体性和协调性。在总体布局中增加生态文明建设的内容,不仅使社会主义发展更加全面,而且有力地促进了社会主义生产力和生产关系、经济基础和上层建筑的协调统一,实现了社会主义发展的整体性和协调性。社会主义社会是一个有机联系的整体,各领域相互影响、相互制约、相互作用。建设社会主义现代化强国,经济、政治、文化、社会以及生态文明各领域之间更是相互依赖、相互依存,其中经济建设是根本,政治建设是保证,文化建设是灵魂,社会建设是条件,生态文明建设是基础。"五位一体"总体布局正是契合了现代社会发展高度整体性和关联性的特征。在"五位一体"总体布局中,生态文明建设虽然是"后来者",但不等于其地位不重要。随着现代化程度的不断提升,人类对自然改造和利用的能力远远超出农业时代,如果继续以过去的方式利用和改造自然,自然是难以承受的。所以,在建设社会主义现代化强国的过程中,生态文明建设的基础性地位和作用凸显出来。没有生态文明建设,资源短缺、生态破坏等严峻的现实问题就会成为高质量发展的阻碍;没有生态文明建设,环境污染肆虐,也不可能满足人民对美好生活的期望;没有生态文明建设,生态环境难以得到有效治理,就不可能有和谐稳定的社会秩序。所以,推进生态文明建设,不仅仅关乎资源环境,更关乎物质文明、政治文明、精神文明各层面,经济建设、政治建设、文化建设、社会建设各领域的全面转变、深刻变革,是一项涉及生产方式和生活方式根本性变革的战略任务。

"五位一体"总体布局促进了生产力和生产关系、经济基础和上层建筑相协调。生产力与生产关系、经济基础与上层建筑的矛盾运动是不断推动社会发展进步的根本原因,"五位一体"总体布局是马克思主义关于生产力与生产关系原理的正确运用。正如习近平所指出的:"党的十八大把生态文明建设纳入中国特色社会主义事业总体布局,使生态文明建设的战略地位更加明确,有利于把生态文明建设融入经济建设、政治建设、文化建设、社会建设各方面和全过程。"[1]"我们要按照这个总布局,促进现代化建设各方面相协调,

---

① 习近平:《习近平谈治国理政》(第一卷),外文出版社 2014 年版,第 11 页。

促进生产关系与生产力、上层建筑与经济基础相协调。"①实现人与自然的和谐,不但经济发展不能以破坏生态环境为代价,而且要保护好生态环境,保护生态环境是为了促进经济更好更可持续地发展。因此,把生态文明建设的要求融入经济建设中,实现绿色发展,这是一种符合经济社会发展规律的更为高级的发展。我们党提出:"生态环境是关系党的使命宗旨的重大政治问题,也是关系民生的重大社会问题。"把生态环境问题上升为重大的政治问题,这是一个重大的理论创新,既为我们从政治高度解决生态环境问题提供了理论基础,也为统筹推进"五位一体"总体布局提供了政治保证。党的十八大以来,我们不断加大生态环境领域的制度建设,加大生态文明体制改革力度,通过上层建筑建设,反作用于经济基础。这既保护了生态环境,也促进了环境领域的公平正义,形成了人与自然之间、人与社会之间更加和谐的关系。所以,把生态文明建设纳入"五位一体"总体布局,体现了生产力与生产关系、经济基础与上层建筑相互促进的辩证关系,顺应了社会主义发展规律,是我们党对建设社会主义现代化强国目标和任务认识的深化。

三、增强了中国特色社会主义的"四个自信"

坚持和发展中国特色社会主义是改革开放以来我们党全部理论和实践的主题,中国特色社会主义是包括道路、理论、制度和文化在内的"四位一体"的有机统一体。党的十九大报告强调:"全党要更加自觉地增强道路自信、理

---

① 习近平:《习近平谈治国理政》(第一卷),外文出版社 2014 年版,第 11 页。

论自信、制度自信、文化自信。"①坚定"四个自信"是习近平新时代中国特色社会主义思想的重要内容,是新时代马克思主义中国化的重大理论创新。新时代生态文明建设理论不仅是新时代坚持和发展中国特色社会主义的重大理论成果,也是坚定"四个自信"的重要结果。同时,新时代生态文明思想中包含的中国特色社会主义生态文明道路、生态文明理论、生态文明制度、生态文化等方面的重大理论和实践创新,进一步夯实了中国特色社会主义道路自信、理论自信、制度自信、文化自信的内在根基,进一步发展了新时代中国特色社会主义。

(一)建设社会主义生态文明进一步开拓了中国道路

党的十九届六中全会通过的《中共中央关于党的百年奋斗重大成就和历史经验的决议》指出:"党在百年奋斗中始终坚持从我国国情出发,探索并形成符合中国实际的正确道路。中国特色社会主义道路是创造人民美好生活、实现中华民族伟大复兴的康庄大道。"②这说明,走中国特色社会主义道路,是我们党取得一切胜利和成就的根本原因。"坚定不移走中国特色社会主义道路,就一定能够把我国建设成为富强民主文明和谐美丽的社会主义现代化强国。"③历史和未来都在昭示我们,必须坚定道路自信。

---

① 习近平:《决胜全面建成小康社会 夺取新时代中国特色社会主义伟大胜利——在中国共产党第十九次全国代表大会上的报告》,人民出版社 2017 年版,第 17 页。
② 《中共中央关于党的百年奋斗重大成就和历史经验的决议》,人民出版社 2021 年版,第 68 页。
③ 《中共中央关于党的百年奋斗重大成就和历史经验的决议》,人民出版社 2021 年 11 月,第 68 页。

道路自信是对发展方向和未来命运的自信,在长期的社会主义革命和建设实践中,中国共产党和中国人民逐渐认识到,只有中国特色社会主义道路而没有别的道路,能够引领中国进步、实现人民幸福,这就是我们对中国道路的自信。中国道路是在实践中不断发展和完善的,党的十八大在中国道路中增加了社会主义生态文明建设的内容,这一新的内容,既完善和发展了中国道路,同时也赋予了中国道路新的生机和活力,保证中国道路越走越顺畅,越走越宽广。

生态文明建设丰富了中国道路的内涵。中国道路是党领导中国人民在长期革命和建设实践中形成的,是党和人民历经曲折付出巨大代价探索形成的。"中国特色社会主义这条道路来之不易,它是在改革开放30多年的伟大实践中走出来的,是在中华人民共和国成立60多年的持续探索中走出来的,是在对近代以来170多年中华民族发展历程的深刻总结中走出来的,是在对中华民族5000多年悠久文明的传承中走出来的。"①"四个走出来"表明中国道路有着深厚的历史积淀和实践经验积累,特别是在40多年改革开放的历史进程中,我们党在"摸着石头过河"的基础上,不断总结治国理政的经验。党的十八大报告概括了中国道路的科学内涵,即"中国特色社会主义道路,就是在中国共产党领导下,立足基本国情,以经济建设为中心,坚持四项基本原

---

① 中共中央宣传部:《习近平总书记系列重要讲话读本(2016年版)》,学习出版社、人民出版社2016年版,第10页。

则,坚持改革开放,解放和发展社会生产力,建设社会主义市场经济、社会主义民主政治、社会主义先进文化、社会主义和谐社会、社会主义生态文明,促进人的全面发展,逐步实现全体人民共同富裕,建设富强民主文明和谐的社会主义现代化国家"。① 与以往相比,中国道路中鲜明地增加了"建设社会主义生态文明"的内容。由此,我国形成了以经济、政治、文化、社会和生态文明建设为主要特征的"五位一体"总体布局,它体现了新时代现代化建设的目标和方向,即坚持以经济建设为中心,将生产力作为第一要务,全面推进经济、政治、文化、社会、生态文明建设。鲜明提出生态文明建设,就是反对以往那种掠夺资源、破坏环境的粗放式发展,通过调整经济结构、转变经济增长方式,走绿色发展道路,实现经济发展和环境保护的双赢,实现以绿色为基调的高质量发展。由此可见,生态文明建设的提出,进一步丰富了中国道路的内涵,使中国的经济建设、政治建设、文化建设、社会建设都增加了生态文明建设的目标和价值要求,体现了中国特色社会主义的本质和要求。

生态文明建设是促进中国道路可持续发展的必然选择。道路决定命运,中国特色社会主义不断走向新的境界,有赖于中国道路的不断开拓创新。中国道路是实现社会主义现代化的必由之路,但这条道路也不是一帆风顺的,它需要不断克服和解决发展过程中不断出现的新矛盾、新挑战,应对这些矛

---

① 胡锦涛:《坚定不移沿着中国特色社会主义道路前进 为全面建成小康社会而奋斗——在中国共产党第十八次全国代表大会上的报告》,《光明日报》2012 年 11 月 18 日,第 2 版。

盾和挑战，必须不断丰富、发展这条道路，使这条道路更好地承担起实现中华民族伟大复兴的历史使命。所以，建设现代化强国，我们既需要继续坚持中国道路，同时也需要不断完善和发展中国道路。比如，实现中华民族伟大复兴的目标，我们仍面临着技术、资金、人口、资源环境等一系列困难和挑战，资源环境问题无疑是当前最为突出、最为现实的挑战，是摆在复兴道路上必须迈过的坎。改革开放以来，传统的工业化道路和传统的经济增长方式虽然创造了增长奇迹和巨大的物质财富，但我们也为此付出了巨大的资源环境代价。能不能实现经济社会的持续繁荣和发展，能不能实现建设社会主义现代化强国的目标，或者说，当前以及未来的现代化道路如何走、走成什么样，生态文明建设是一个重要的影响因素。在此背景下，党的十八大以来，我们党多次提出要探索一条新的发展道路，一条人与自然和谐发展的道路，一条可持续发展的道路。党的十九大报告更加明确地提出："我们要建设的现代化是人与自然和谐共生的现代化。"①实现"人与自然和谐共生"，实现经济社会可持续发展，就必须大力推进生态文明建设，因此，党的十八大报告在对"中国道路"的内涵进行概括时，首次增加了"建设社会主义生态文明"这部分内容。建设社会主义生态文明，是克服前进道路上困难和挑战的必然选择，因为如果没有生态文明建设，经济结构仍是老样子，增长方式、发展方式仍是老

---

① 习近平：《决胜全面建成小康社会　夺取新时代中国特色社会主义伟大胜利——在中国共产党第十九次全国代表大会上的报告》，人民出版社 2017 年版，第 50 页。

样子,不但建设现代化经济体系的目标难以实现。人民群众对美好生活的期盼更难以实现,所以,生态文明建设不是哪一个领域的问题,而是事关社会主义现代化强国建设全局的系统性问题。只有大力推进生态文明建设,贯彻"绿水青山就是金山银山"的理念,走绿色发展道路,让体现生态文明理念的价值、目标和原则真正在供给侧结构性改革、产业结构转型升级、经济发展方式转变、经济结构优化、增长动力转换等方面得到贯彻落实,中国道路才能越走越顺畅。

生态文明建设丰富了中国道路的"世界意义"。中国道路是中国特色社会主义现代化道路,它不仅是中国实现现代化的必由之路,对中国自身有着重大意义,而且对于人类实现现代化也具有重要的启发、示范意义,因而其具有鲜明的"世界意义"。中国道路是一条不同于西方传统现代化道路的全新的人类现代化道路,这种不同的一个重要方面在于西方传统的现代化道路是一条资源环境并不友好的道路,或者说以牺牲生态环境为代价的发展道路。西方国家通过资源掠夺、不公平的殖民贸易、产业转移等生态殖民主义方式解决本国发展所需要的能源资源以及环境污染等问题,把生态环境问题转嫁给其他国家和国际社会。并且,在当时的国际环境下,西方的这种生态上的掠夺并没有相应的国际规章制度对其进行约束和规范。西方发达国家以全球性的资源环境来满足自身发展,生态破坏和环境污染的后果却由全世界承担,这是明显的国际不公,严重侵犯了后发国家的生态权利,限制了后发国家发展的机会和空间,而且众多的环境污染事件给人类带来了巨大灾难,对人类的生存和发展造成了严重影响。因此,从资源环境角度来看,西方传统的现代化道路并不是一条可借鉴或可复制的道路,今天的发展中国家不可能走西方走过的这条道路来实现自身的现代化,不但今天的环境不允许,而且当今生态环境保护、绿色发展已成为时代潮流,传统的发展道路显然不合时宜。

面对全球性的环境问题,人类要以更可持续的方式实现现代化,就必须走一条与西方发展道路不同的人与自然和谐发展的全新道路。党的十八大以来,实现"人与自然相和谐""建设人与自然和谐的现代化"成为中国道路重要的价值目标。与西方现代化道路以牺牲环境为代价不同,这是实现现代化的一条新路。

首先,大力推进生态文明建设,这意味着中国致力于在发展的同时解决环境问题。既要经济发展又要环境保护,是一个历史性的难题,有人甚至认为经济增长必然会带来生态环境的破坏。中国通过转变经济发展方式、调整经济结构等实现绿色发展,逐渐走出了一条经济发展和环境保护双赢的道路。中国的现代化道路,不仅在资源环境约束逐渐加大的背景下为中国经济发展开辟了一条新的道路,而且给世界上面临着相同发展问题的其他发展中国家提供了可资借鉴的经验。

其次,中国倡导共谋全球生态文明建设,自觉承担起维护全球生态安全、遏制气候变暖的责任。气候变暖、全球生态安全是事关全人类利益的重大问题,需要大家齐心协力共同解决。全国生态环境保护大会提出的新时代推进生态文明建设必须坚持的六项原则中,其中一项就是共谋全球生态文明建设。共谋全球生态文明建设,共建清洁美丽世界,是中国和世界各国人民的共同追求。在这个过程中,中国正发挥着越来越重要的引领作用。

最后,中国始终秉持为全人类谋利益的价值追求,中国道路是一条利他利己的环境治理之路,是一条与世界和平共生的文明之路,也是一条发展中国家可以借鉴和学习的可持续的现代化新道路。

(二)新时代生态文明思想丰富和发展了中国特色社会主义理论

中国特色社会主义理论是我们的行动指南,是不断发展、与时俱进的,它既源于实践,也指导实践。"我们要坚信,中国特色社会主义理论体系是指导党和人民沿着中国特色社会主义道路实现中华民族伟大复兴的正确理论,是立于时代前沿、与时俱进的科学理论。"[1]中国特色社会主义理论的不断创新发展,是我们坚持中国特色社会主义理论自信的根本。党的十八大以来,我们大力推进生态文明建设,创新发展生态文明建设理论,涉及新时代我们国家经济建设、政治建设、文化建设、社会建设各方面、各领域,进一步丰富了社会主义的内涵,体现了社会主义的本质,彰显了社会主义的价值追求,与时俱进地发展了中国特色社会主义理论。

深化对新时代中国特色社会主义理论的认识。社会主义不是一些固定

---

[1]　习近平:《在庆祝中国共产党成立95周年大会上的讲话》,《光明日报》2016年7月2日,第2版。

不变的理论或教条,而是在实践中不断创新发展,有着鲜活的时代内涵。在推进中国特色社会主义伟大事业进程中,我们党始终坚持用中国特色社会主义理论武装头脑、指导实践,在实践中不断发展中国特色社会主义理论,赋予中国特色社会主义理论鲜明的时代特色。比如,"解放生产力,发展生产力""建立社会主义市场经济"等作为邓小平理论的重要内容,深化了对什么是社会主义、怎样建设社会主义的认识;"始终代表先进生产力的发展要求,代表中国先进文化的前进方向,代表中国最广大人民的根本利益"作为"三个代表"重要思想的内容,深化了对建设什么样的党、怎样建设党的认识;而"以人为本""全面协调可持续"作为科学发展观的内涵,加深了对实现什么样的发展、怎样发展的认识。这些论断都是重大的理论创新,都是对社会主义的本质、社会主义的价值追求、社会主义的发展规律等的深刻认识。这些重大理论创新,为我们党解决不同历史时期、不同发展阶段的不同发展任务给予了根本的理论指引,每每在重要的历史关头把社会主义引向正确的方向和道路,不断开辟马克思主义发展的新境界、社会主义发展的新境界、管党治党的新境界。

实践永不停止,理论创新也永不停止。新时代生态文明建设包含的一系列新思想、新理念、新战略,进一步丰富和发展了中国特色社会主义理论。新时代生态文明建设,不再仅仅是对资源环境和生态系统问题修修补补,而是涉及发展理念、发展方式、生活方式、法律制度等方面的全面的变革,是在绿色发展理念下实现的全方位、立体化、全过程、全流域的整体性绿色变革。这一变革的全局性、整体性和系统性,必然体现到经济社会发展的方方面面,引起发展观念、发展方式、体制机制的深刻转变和调整。这种调整和转变,这种全方位、系统性的变革,必须有新的理念作为指导,有新的价值追求来指引,有新的困难挑战得到回答,这个过程,就是理论创新的过程,就是坚持和发展中国特色社会主义理论的过程。新时代生态文明建设从来不是孤立的,它既是全面建设小康社会的内在要求、人民美好生活的重要方面、全面建成小康社会的重要标志、全面发展社会主义的题中之义,也是建设社会主义现代化强国的重要目标。改革开放之初,我们意识到贫穷不是社会主义,经济发展慢不是社会主义,两极分化也不是社会主义。中国特色社会主义进入新时代,我们必须同样认识到,生态不文明也不是社会主义。

以习近平同志为核心的党中央高度重视生态文明建设,实施生态文明建设国家战略,丰富和发展了中国特色社会主义理论。比如,党的十八大把生态文明建设纳入"五位一体"总体布局;党的十八届三中全会提出建立系统完整的生态文明制度体系;党的十八届五中全会确立"创新、协调、绿色、开放、共享"的新发展理念;党的十九大既把坚决打赢"污染防治攻坚战"列为决胜全面建成小康社会的三大攻坚战之一,明确指出我们要建设的现代化是人与自然和谐共生的现代化,又首次把"美丽中国"作为建设社会主义现代化强国的重要目标,做全球生态文明建设的重要参与者、贡献者、引领者;党的十九届四中全会从提升国家治理体系和治理能力现代化的角度,提出进一步坚持和完善生态文明制度体系。新时代以来上述加强生态文明建设的重大理论创新和实践创新,实际上是对中国特色社会主义理论的重大创新,从生态文明这个层面深化了对中国特色社会主义的认识。比如,党的十八大把生态文明建设纳入"五位一体"总体布局,这表明中国特色社会主义不仅是经济发达、政治民主、文化繁荣、社会和谐的社会,而且是生态文明的社会,是全面发展的社会。又比如,"建设生态文明,关系人民福祉,关乎民族未来。"[1]"走向生态文明新时代,建设美丽中国,是实现中华民族伟大复兴的中国梦的重要内容。"[2]把生态文明作为中国梦的重要内容,丰富了中国特色社会主义理论的内涵。党的十九大报告更是明确提出:"中国特色社会主义进入新时代,我国社会主要矛盾已经转化为人民日益增长的美好生活需要和不平衡不充分的发展之间的矛盾……人民美好生活需要日益广泛,不仅对物质文化生活提出了更高要求,而且在民主、法治、公平、正义、安全、环境等方面的要求日益增长。"[3]"我们要建设的现代化是人与自然和谐共生的现代化,既要创造更多物质财富和精神财富以满足人民日益增长的美好生活需要,也要提供更多

---

[1] 中共中央文献研究室:《习近平关于社会主义生态文明建设论述摘编》,中央文献出版社 2017 年版,第 5 页。

[2] 中共中央文献研究室:《习近平关于社会主义生态文明建设论述摘编》,中央文献出版社 2017 年版,第 20 页。

[3] 习近平:《决胜全面建成小康社会　夺取新时代中国特色社会主义伟大胜利——在中国共产党第十九次全国代表大会上的报告》,人民出版社 2017 年版,第 11 页。

优质生态产品以满足人民日益增长的优美生态环境需要。"①

这样,就从文明发展变化、美丽中国与中国梦的关系、社会主要矛盾的转换以及现代化的性质的角度全面阐释了中国特色社会主义的生态文明内涵。实现人民幸福是社会主义最根本的价值追求,生态文明建设不但能为人民群众提供优美的生产生活环境,而且能为人民群众提供安全的绿色生态产品,满足新时代人民对美好生活的需求。实现中国梦是中国各族人民的共同愿景,生态文明建设是中国梦不可或缺的重要组成部分。我们要建设社会主义现代化强国,是人与自然和谐的现代化,即新时代社会主义是生产发展、生活富裕、生态良好的人与自然和谐的社会。正是由于上述生态文明思想渗透到我国经济、政治、文化、社会建设各领域,丰富了各领域的内涵,加深了我们对新时代中国特色社会主义的认识。

新时代生态文明建设丰富和发展了我们党的执政理念。自中国共产党成立以来,我们党的根本宗旨就是全心全意为人民服务,坚持群众路线,站稳人民立场,以满足广大人民的根本利益作为各项工作的出发点和落脚点,关心、听取群众的心声,造福人民。在百年奋斗历史进程中,我们党面对不同阶段的不同发展任务,始终坚持权为民所用,情为民所系,利为民所谋。新时代,我国进入了新的发展阶段,面临新的发展环境、目标和任务,也面临新的

① 习近平:《决胜全面建成小康社会　夺取新时代中国特色社会主义伟大胜利——在中国共产党第十九次全国代表大会上的报告》,人民出版社 2017 年版,第 50 页。

169

发展难题,这对我们党的执政理念、执政方式、执政能力提出了新的挑战,提出了更高要求。新的发展环境,新的发展目标,新的发展难题,用老思路、老办法难以应对。生态环境问题是新时代我们党在发展过程中遇到的最具挑战性的时代问题之一。可以说,党的十八大以来,我们党面对生态环境问题形势之严峻、生态环境问题影响之深刻、解决生态环境问题之困难,都是前所未有的。新中国成立以来,我们党就不得不在工业化和环境保护的两难中艰难选择,工业化任务重,科学技术水平低,自然资源家底薄,在这种背景下,工业化优先发展,环境保护难以摆上议事日程。改革开放后,以经济建设为中心,粗放型的经济增长模式加剧了对自然资源环境的危害,几十年来累积的生态环境问题集中爆发,环境资源问题成了经济社会发展的最大制约,生态环境成了影响人民幸福生活的重要因素。解决这样的历史难题,我们党必须从执政理念的高度作出回答。

事实证明,在这样艰巨的历史任务面前,我们党勇敢地承担起解决生态环境问题的历史重任,以实际行动解决好制约经济社会发展的事关全局的生态环境问题。无论是我们党果断地提出贯彻"创新、协调、绿色、开放、共享"的新发展理念,还是面对人民对良好的生态环境的期盼提出"环境就是民生,青山就是美丽,蓝天就是幸福",抑或是提出"生态环境问题既是重大的社会问题,也是重大的政治问题"等重大论断,都显示出了我们党执政理念的创新发展。

新时期,面对生态环境问题,我们党的执政理念作出的调整变化主要体现在:一是对"发展"内涵的新阐释。过去,我们把"发展"等同于或局限于经济增长,生态文明建设理论的提出,使得"发展"的内涵更加丰富,发展是经济、政治、文化、社会、生态文明的全面发展、协调发展,尤其是发展绝不以牺牲生态环境为代价,我们追求的是实现中华民族永续发展。二是发展价值的新原则。发展为了什么?为了谁而发展?马克思主义的价值追求非常明确,即实现人的全面发展是社会发展的最终价值目标之所在。我们党成立后,领导人民实现中华民族解放、建立新中国,使全体人民实现了政治上的解放,成为国家和社会的主人。改革开放后,我们党坚持以经济建设为中心,让人民过上好日子,同时不断满足人民在政治、安全、公平、文化等各方面的需求。新时代,生态环境问题成为影响人民利益的重大现实问题,我们党明确提出良好生态环境是最公平的公共产品,是最普惠的民生福祉,坚持生态惠民、生态利民、生态为民,这些新的认识和新的举措为我们指明了今后发展的方向、价值目标和落脚点,也是我们党执政的新方向、新指向。三是对政绩观的新认识。党员干部的政绩观是影响经济社会发展、影响民生建设的重要因素。在长期的经济社会发展过程中,不少地方形成了以 GDP 论英雄的政绩观,但如果眼里只有 GDP,必然会忽视其他领域,导致对其他领域的投入、关注不够。大力推进生态文明建设,其中一个重要方面就是提高领导干部领导生态文明建设的能力,把体现生态文明建设的指标和任务纳入考核评价体系中,让领导干部真正承担起领导生态文明建设的责任,对那些不顾生态环境后果,只顾眼前、不顾长远的决策者终身追责。生态文明建设的这些重大举措,必然会或直接或间接地影响领导干部政绩观的转变,影响其执政理念。

新时代生态文明建设把生态环境作为重大的民生问题之一,丰富了"以人为本"的时代内涵。实现人的自由解放是马克思主义理论的核心主题,中国特色社会主义始终坚持这一科学社会主义基本原则,在理论创新的过程中始终围绕"如何实现人的自由发展"这一核心,并具体化为"以人为本"的发展理念,即以人为价值的核心和社会的本位,把人的生存和发展作为最高的价值目标。新时代生态文明建设所关注的绿色发展、环境保护和污染治理,实际上最终是为了人民过上更美好的生活。"良好生态环境是最公平的公共产品,是最普惠的民生福祉。"民生,就是与百姓切身利益和直接利益密切相关的问题,比如衣食住行等。曾经,"民生"是"温饱"或"小康"的近义词;现在,随着生态环境问题的日益严峻和对社会生活影响的不断加深,生态环境在人民群众生活幸福指数中的地位不断凸显。生态环境中清洁的空气每个人都需要呼吸,清洁的淡水每个人都需要饮用,不受污染的土壤更是生产粮食最基本的条件,所以,生态环境作为一种特殊的公共产品比其他任何公共产品都更重要。新时代生态文明思想把生态环境作为"最公平的公共产品""最普惠的民生福祉",为民生增添了新的时代内涵。

(三)新时代生态文明制度体系完善了中国特色社会主义制度

坚定中国特色社会主义的"四个自信",制度自信是根本。制度是中国特色社会主义事业发展的重要保障，新中国成立尤其是改革开放 40 多年以来，中国特色社会主义制度逐步健全和完善。中国特色社会主义制度既包括体现科学社会主义原则和我们国家社会主义性质的一系列基本制度，也包括建立在这些基本制度基础之上的经济体制、政治体制、文化体制、社会体制等各项具体制度。中国特色社会主义制度具有优越性，因为"中国特色社会主义制度是当代中国发展进步的根本制度保障，是具有鲜明中国特色、明显制度优势、强大自我完善能力的先进制度"。[①] 这是我们坚持制度自信的根本原因。

把制度建设作为推进生态文明建设的重中之重。党的十八大把生态文明建设纳入社会主义现代化建设总体布局，从国家整体建设的高度提出了加快生态文明制度建设的必要性。在社会主义现代化建设各领域中，生态文明建设是"后来者"，生态文明领域的制度建设几乎呈现空白状态。因此，推动生态文明建设，重中之重就是加大生态文明制度建设力度。同时，新时代我们党治国理政的主要方式就是依靠法律、依靠制度，全面深化改革的总目标是坚持和完善中国特色社会主义制度，实现国家治理体系和治理能力现代化。因此，生态文明领域是推进国家治理体系和治理能力现代化建设的重要领域。

党的十八届三中全会通过的《中共中央关于全面深化改革若干重大问题

---

① 习近平：《在庆祝中国共产党成立 95 周年大会上的讲话》，《光明日报》2016 年 7 月 2 日，第 2 版。

的决定》首次提出了要建立系统完整的生态文明制度体系的目标；党的十八届四中全会要求用严格的法律制度保护生态环境；2015 年颁发的《中共中央国务院关于加快推进生态文明建设的意见》把健全生态文明制度体系作为重点；党的十九大报告则明确指出，加快生态文明体制改革，建设美丽中国……在这一系列重大决策部署的指引下，我国先后制定和实施自然资源资产产权制度、国土空间开发保护制度、资源总量管理和全面节约制度等一系列制度。同时，在生态环境保护、监管和执法上出实招，用法治为生态文明建设保驾护航，我国先后颁布或修改了《中华人民共和国环境保护法》《中华人民共和国大气污染防治法》《中华人民共和国水污染防治法》等法律法规，出台了《环境监察办法》《环境监测管理办法》等一百多项政策规章，努力实现生态文明建设在各领域、各环节均有法律政策可依、有规章制度可循。生态文明建设制度体系的不断健全和创新，使得一些老大难问题得以破局，一些突出的环境问题得到解决，人民群众的获得感不断增强。

制度合力开始形成。中国特色社会主义事业是一个有机整体，经济、政治、文化、社会建设各领域相互作用、相互影响，这就要求各领域都要建立起完善的制度体系，并通过不断的改革，使各领域的制度相互协调、相互配合，形成制度合力。从制度自信这个角度来说，我们的制度自信在很大程度上源于各领域制度的不断改革创新，即把坚定的制度自信和制度的改革创新不断统一起来。习近平指出："制度自信不是自视清高、自我满足，更不是裹足不前、故步自封,而是要把坚定制度自信和不断改革创新统一起来,在坚持根本政治制度、基本政治制度的基础上,不断推进制度体系完善和发展。"①

其实,生态文明制度建设的不断完善,就是不断把体现生态文明建设的目标、要求、原则和价值理念融入经济、政治、文化、社会等领域的制度建设中去,不断促进生产关系和生产力、上层建筑和经济基础相适应,促进经济社会各个领域、各个方面、各个环节相协调,形成有利于生态文明建设的制度体系。比如,过去的经济制度或经济体制虽然在促进经济高速发展方面发挥了重要作用,但也由此带来诸如资源浪费、环境污染等一系列问题,通过加强生态文明建设,优化产业结构,转变经济增长方式,培育绿色产业,实现绿色发展、低碳发展和循环发展,使各种经济制度更有利于节约资源、保护环境,更有利于实现经济的高质量发展。我国经济的高质量发展,实际上是由法律法规来保证的。比如,生态环境监管体制的改革、生态环境损害责任追究制度的建立、生态环境损害赔偿制度的建立等,都在为有关生态环境制度和体制改革的顺利推进保驾护航。同样,文化领域、社会领域融入生态文明建设的目标、原则、要求,可以弥补和克服原有体制机制的弊端,实现各领域制度的融合和完善,使制度合力的作用充分显现。因此,生态文明制度体系的不断完善,使中国特色社会主义制度的优越性更加充分地发挥出来,从而更加坚定了我们对中国特色社会主义的制度自信。

---

① 习近平:《习近平谈治国理政》(第二卷),外文出版社2017年版,第289页。

(四)高举社会主义生态文明大旗增强了中国特色社会主义的文化自信

坚持和发展中国特色社会主义,要"坚定道路自信、理论自信、制度自信、文化自信",而且"文化自信是一个国家、一个民族发展中更基本、更深沉、更持久的力量"。① 新时代,我们党高举生态文明这面旗帜,引领人类文明和时代发展潮流,赋予中国特色社会主义文化更加丰富的内涵。其实,党的十八大以来,我国生态文明建设成就背后有着深厚的文化基因,新时代生态文明建设大力加强生态文化建设,树立社会主义生态文明观,走中国特色社会主义生态文明道路,这既是我们坚持文化自信的重要载体,也必将进一步筑牢社会主义文化自信的根基。

我国生态文明建设成就背后蕴含着无比深厚的文化基因。党的十八大以来,我国生态文明建设成效显著,全国人民贯彻绿色发展理念的自觉性和主动性显著增强,生态文明制度体系加快形成,全面节约资源有效推进,重大生态保护和修复工程进展顺利,生态环境治理明显加强,我国积极引导应对气候变化国际合作,成为全球生态文明建设的重要参与者、贡献者、引领者,生态环境保护工作发生了历史性、转折性、全局性转变。这些成就的取得,都离不开我国具有旺盛生命力的深厚文化。我国的古代文化蕴藏着丰富的生态智慧,在生态文明建设的过程中发挥了重要的理论先导和思想滋养作用。

---

① 习近平:《决胜全面建成小康社会　夺取新时代中国特色社会主义伟大胜利——在中国共产党第十九次全国代表大会上的报告》,人民出版社 2017 年版,第 23 页。

古人提出的诸如可持续农耕文明、天人合一、道法自然、治山治水方可治国等生态文化理念，是支撑我国生态文明建设理论创新、道路选择、制度建设的广泛而深厚的力量。

习近平在庆祝中国共产党成立 100 周年大会上的讲话中，提出了第二个"结合"，即坚持把"马克思主义基本原理同中华优秀传统文化相结合"。新时代生态文明建设的理论创新，就是这种结合的重要成果。在"树木以时伐焉，禽兽以时杀焉""万物各得其和以生，各得其养以成"等传统生态道德的持久影响下，环境保护理念在社会上已经蔚然成风，环保公益活动、绿色出行、自然教育等绿色生活方式蓬勃开展，为我国生态文明建设打下了坚实的社会基础，这些绵延数千年的生态理念依然是我国生态文明建设的思想指引。我们的生态文明建设"秉承了天人合一、顺应自然的中华优秀传统文化理念"，"我们应该遵循天人合一、道法自然的理念，寻求永续发展之路"。[1] 时至今日，我国古人生态理念中一些博大精深的哲学思想、道德观念依然有着旺盛的生命力，必将在新时代为我国生态文明建设提供强有力的精神指引。

社会主义生态文明观丰富了中国特色社会主义文化的内涵。党的十九大报告指出："要牢固树立社会主义生态文明观，推动形成人与自然和谐发展

---

[1] 中共中央文献研究室：《习近平关于社会主义生态文明建设论述摘编》，中央文献出版社 2017 年版，第 144 页。

现代化建设新格局,为保护生态环境作出我们这代人的努力。"①社会主义生态文明观是推动生态文明建设的前提和基础,是衡量国家和民族文明程度的重要标志。具体来说,树立社会主义生态文明观主要包括:一是培育生态文化。生态文化是一种人与自然和谐相处、协同发展的新型文化形态。党的十八大以来,以习近平同志为核心的党中央高度重视生态文化培育工作,多次强调要牢固树立和全面践行"绿水青山就是金山银山"的理念,倡导绿色发展方式和生活方式。我们要以新时代生态文明建设理论为引领,以关于生态文明建设的一系列重大理论创新为指导,加快建立健全以生态价值观念为准则的生态文化体系,加强生态文化的宣传教育,提高全社会的生态文明意识。二是培育生态道德意识。生态道德主要是指我们如何对待自然,涉及生态价值观、生态良心、生态正义和生态义务等。生态道德的培养,可以引导人民群众以正确的方式对待自然、对待他人。履行生态义务,树立生态责任意识,为这个世界增绿添绿。树立生态公正意识,不为自身利益而牺牲他人本来的生态权益。树立生态幸福观,真正做到像爱护眼睛一样爱护我们的生态环境。三是开展生态教育。一个国家国民生态文明意识和生态道德的形成,有赖于国家生态教育体系的建立和生态教育的全面开展。加强生态教育,让人们了解生态知识、知悉生态义务、提升生态自觉,有助于强化生态保护践行能力。

---

① 习近平:《决胜全面建成小康社会 夺取新时代中国特色社会主义伟大胜利——在中国共产党第十九次全国代表大会上的报告》,人民出版社 2017 年版,第 52 页。

无论是认识动植物还是参与垃圾分类,无论是牢记节约用电还是倡导低碳生活,有关观念和做法都不是凭空产生的,通过生态教育获取关于生态的知识与方法是重要途径。可以说,加强生态教育,是让生态文明理念内化于心、外化于行的一项基础性工作。四是倡导绿色消费。生态文明建设同每个人息息相关,每个人都应该做践行者、推动者,推动形成节约适度、绿色低碳、文明健康的生活方式和消费模式,形成全社会共同参与的良好风尚。

无论是培育生态文化、培育生态道德、开展生态教育还是倡导绿色消费,其实都是在培养一种保护自然、尊重自然、顺应自然的理念,从而实现人与自然和谐共生的新的价值观念,把这些新的价值观念融入社会主义价值体系和社会主义核心价值观,作为社会主义文化的重要组成部分,为社会主义文化增添新的时代内涵。

新时代高举生态文明旗帜集中体现了中国特色社会主义文化自信。高举生态文明大旗,走中国特色社会主义生态文明道路,体现了中国特色社会主义道路自信、理论自信、制度自信和文化自信,尤其体现了中国特色社会主义文化自信。之所以这样说,是因为我们推进生态文明建设是在中国共产党的领导下,以马克思主义基本原理尤其是马克思主义生态观为依据,以中国化马克思主义思想理论尤其是新时代生态文明理论为指导,以解决现实问题和矛盾为指向,具有很强的科学性。绿色发展理念的提出,显示出了中国生态文明建设理论的科学性和真理性。在国外政治理论和实践中,经济发展和环境保护历来都是难以兼顾的,而"绿水青山就是金山银山"这一重大理论创新的提出,从根本上解决了经济发展和环境保护二者难以兼顾的问题。

在实现理论创新的同时,我们把生态文明建设纳入"五位一体"总体布局,将生态文明建设与经济、社会、政治、文化等建设并列,使中国特色社会主义实现了经济发展、人民富裕与生态良好的统一,这对于世界环境发展理念和实践都是一种创新,是在中国特色社会主义制度下才取得的重大成就,是社会主义制度优越性的生动体现。今后,我们在生态文明建设的过程中,将继续实现生态文明建设理论创新的再突破,实现生态文明建设战略地位的再提升,在理论创新和实践创新的基础上,更加坚定中国特色社会主义道路自信、理论自信、制度自信和文化自信。

第四章　新时代生态文明建设的实践路径

　　新时代生态文明建设不仅实现了巨大的理论创新,而且有着鲜明的实践指向,包含着明确的实践路径,这就是党的十八大确立、党的十九大再次强调的中国特色社会主义"五位一体"总体布局。"五位一体"就是把生态文明建设的目标、原则、要求融入经济建设、政治建设、文化建设和社会建设各方面和全过程。其中,"融入"是活的灵魂,体现了这五个方面的内在统一,更内在地蕴含了生态优先、保护优先的战略理念。因此,我们要立足于"五位一体"总体布局,把生态文明融入经济建设,实现绿色发展和高质量发展;把生态文明融入政治建设,完善生态保护体制机制;把生态文明融入文化建设,培育社会主义生态文明观;把生态文明融入社会建设,形成生态环境治理多元格局。只有从中国特色社会主义事业全局的高度推进生态文明建设,才能实现新时代富强民主文明和谐美丽的社会主义现代化强国建设目标。

一、把生态文明融入经济建设,实现绿色发展和高质量发展

　　高质量发展是新时代中国经济发展的基本特征,绿色发展是高质量发展的内在要求,也是实现高质量发展的重要推动力量。党的十九大报告指出:

"我国经济已由高速增长阶段转向高质量发展阶段,正处在转变发展方式、优化经济结构、转换增长动力的攻关期,建设现代化经济体系是跨越关口的迫切要求和我国发展的战略目标。"①实现高质量发展,无论是从转变发展方式、优化经济结构还是从转换增长动力的角度看,绿色发展都是其重要维度。绿色发展,不仅承载着人民群众对美好生活的期许,也是经济社会可持续发展的内在要求,更蕴含着实现高质量、高效益、可持续发展的不竭动力,是高质量发展的重要标志。

(一)高质量发展的绿色维度

党的十九届五中全会指出,高质量发展是我国"十四五"时期经济社会发展的主题,要"坚定不移贯彻创新、协调、绿色、开放、共享的新发展理念"。②所谓高质量发展,就是体现新发展理念的发展,是能够很好满足人民日益增长的美好生活需要的发展,是创新成为第一动力、协调成为内生特点、绿色成为普遍形态、开放成为必由之路、共享成为根本目的的发展,也是生产要素投入少、资源配置效率高、资源环境成本低、经济社会效益好的发展。可见,绿色发展是高质量发展的重要维度。其中,绿色发展理念既是实现高质量发展的思想和理论基础,也是高质量发展的核心价值追求,与高质量发展相伴

---

① 习近平:《决胜全面建成小康社会　夺取新时代中国特色社会主义伟大胜利——在中国共产党第十九次全国代表大会上的报告》,人民出版社 2017 年版,第 30 页。
② 《中共中央关于制定国民经济和社会发展第十四个五年规划和二〇三五年远景目标的建议》,人民出版社 2020 年版,第 6 页。

相生。

　　绿色发展是满足人民美好生活需要的重要途径。我国是社会主义国家，人民是国家的主人，中国共产党始终坚持以人民为中心的发展理念。全面建设社会主义现代化国家，最终目的也是更好地满足人民对美好生活的多方面需求。新发展阶段，美好生活内涵更加丰富。作为生存发展的必需品，良好的生态环境更是人们美好生活的重要组成部分，在人民群众生活幸福指数中的权重不断提高。改革开放以来，粗放型的经济增长模式在推动经济快速发展的同时，也带来了严峻的生态环境问题，尤其是水污染、大气污染、土壤污染等问题，直接影响人民群众的生产、生活和身体健康，人民群众意见大，反映强烈。虽然自党的十八大以来，我们不断加大环境污染治理力度，尤其是打响污染防治攻坚战，短短几年内生态环境发生了很大转变，但我们也应该清醒地认识到，我国生态环境改善程度距离高质量发展要求、距离人民群众对优质生态产品的期盼、距离建设美丽中国的目标还有很大差距，生态文明建设依然任重道远。习近平在全国生态环境保护大会上指出，新发展阶段我国生态环境保护结构性、根源性、趋势性压力总体上仍处于高位，最突出的是"三个没有根本改变"，即"产业结构、能源结构、运输结构没有根本改变，资源环境承载能力已经达到或者接近上限的状况没有根本改变，生态环境事件多发频发的高风险态势没有根本改变"。① 干净的水、清新的空气、安全的食

---

① 陆军、秦昌波：《生态环境"根本好转"要有六个特征》，《中国环境报》2020年11月6日，第3版。

品、优美的环境等这些人民群众生活须臾不可离开的必需品却越来越成为稀缺品甚至奢侈品,严重影响人民群众生活,环境问题日益成为重要的民生问题。正如习近平指出的:"金山银山固然重要,但绿水青山是人民幸福生活的重要内容,是金钱不能代替的。"①经济发展说到底是为了不断增强人民的获得感和幸福感,绿水青山乃是人民幸福生活最重要的生态基础,是是否达到"高质量"的核心标准之一。不断满足人民对美好生活的需要,就是要把生态环境问题作为重大的民生问题,要坚持生态惠民、生态利民、生态为民,持续减少污染物排放总量,继续大力治理大气、水、土壤污染问题,切实提高生态环境质量,还老百姓以蓝天白云、绿水青山,不断提升人民群众的获得感、幸福感、安全感。

绿色发展是高质量发展的重要内涵。高质量发展与绿色发展密不可分,共生共存。发展是绿色的基础;绿色是发展的目标,也是高质量发展的结果。没有发展,没有财富的积累,就会捧着"绿色金饭碗讨饭吃"。反之,如果为了发展不惜竭泽而渔,以牺牲生态环境为代价去获取一时的经济发展,这样的发展是难以持续的,更谈不上是高质量发展。所以说,经济发展的"高质量"必须是"绿色"的,失去青山绿水的经济发展必然与"高质量"无关。经济发展中"绿色"与"高质量"的这种共生共存关系,说明绿色发展是高质量发展的重

---

① 中共中央文献研究室:《习近平关于社会主义生态文明建设论述摘编》,中央文献出版社 2017 年版,第 4 页。

要维度和本质内涵。绿色发展的实质就是要实现经济生态化和生态经济化，改变过去以生态环境为代价换取经济增长的传统生产发展模式，让经济生态化和生态经济化这二者成为推动生产力发展和促进生产方式转变的关键要素和力量。习近平一再强调"绿水青山就是金山银山"，指出"保护生态环境就是保护生产力，改善生态环境就是发展生产力。让绿水青山充分发挥经济社会效益，不是要把它破坏了，而是要把它保护得更好。关键是要树立正确的发展思路，因地制宜选择好发展产业"。① "选择好发展产业"，实际上就是在强调因地制宜，实现生态经济化。所以，保护好绿水青山，就是保护好经济社会发展的自然资本，就是保护好经济社会发展的潜力和后劲。

"十四五"时期，实现经济高质量发展的重要指标主要包含两方面的内容。一是经济增长与资源环境负荷脱钩，即经济活动要遵循自然规律，增强资源环境的可持续性。《中共中央关于制定国民经济和社会发展第十四个五年规划和二〇三五年远景目标的建议》指出，展望二〇三五年，"基本实现新型工业化、信息化、城镇化、农业现代化，建成现代化经济体系"。② 这"四化"在实现过程中，都内含着绿色化的要求。比如，新型工业化的特征之一就是"资源消耗低、环境污染少"，③城镇化的基本要求之一就是"让居民望得见

---

① 中共中央文献研究室：《习近平关于社会主义生态文明建设论述摘编》，中央文献出版社 2017 年版，第 23 页。
② 《中共中央关于制定国民经济和社会发展第十四个五年规划和二〇三五年远景目标的建议》，人民出版社 2020 年版，第 5 页。
③ 中共中央文献研究室：《十六大以来重要文献选编》（上），中央文献出版社 2005 年版，第 16 页。

山、看得见水、记得住乡愁",①农业现代化的重要方向就是要大力发展生态农业,等等。通过把绿色发展的要求贯穿其中,实现经济高质量发展。二是使绿水青山成为金山银山,其实质是使资源环境成为可持续的生产力,促进经济增长。习近平指出:"生态也是生产力。"这一论断是要让人们认识到自然的价值,自然界即自然生态系统为人类提供生产生活资料和生态服务,是有价值的。而且,这种价值随着大自然承载能力的逐渐饱和而显得更加珍贵。新的发展阶段,经济发展的环境问题依然严峻。实现高质量发展,就是要保留更多的绿水青山,因为绿水青山本身就是生产力,就是财富。这就需要转变传统的以高投入、高排放牺牲生态环境的发展模式,推动形成绿色生产生活方式,把绿水青山建设得更美,把金山银山做得更大。

在引导经济高质量发展的新发展理念中,绿色发展居于该整体结构中的某种关键纽结地位。创新、协调、绿色、开放、共享五大发展理念是实现高质量发展的思想引领和理论指南,这五个方面是相互联系的整体,其中任何一个部分都不可能脱离其他部分而独立存在,只有这五大理念相互贯通和融合,才能从整体上实现高质量发展。其中,绿色发展在五大发展理念中居于某种关键纽结地位。"十四五"时期,我们更加强调创新发展、协调发展、共享发展、开放发展,这些都内在地包含着绿色发展的要求。比如,党的十八大以来,中国道路中增加生态文明建设的内容,这就是走绿色发展道路,建设人与

---

① 习近平:《论坚持人与自然和谐共生》,中央文献出版社 2022 年版,第 56 页。

自然和谐共生的现代化,实现对传统现代化道路的超越,是中国现代化道路的重大创新。现代化道路的创新又带来了其他领域的创新。又比如,生态环境保护具有整体性、综合性,不仅涉及国内各地区,还与周边各国乃至整个世界密切相关,绿色发展即意味着适当协调和系统把握,减少不同区域、不同国家之间的发展差距,促进协调发展。再比如,绿色发展注重的是更加环保、更加和谐,它会深刻影响一个地区的发展模式和人民的幸福指数,显著提高人民的生活质量,使共享发展成为有质量的发展。即便仅就"开放"而言,正像中国游客乐于游历世界各地的青山绿水一样,国际友人也大多愿意来中国欣赏名山大川,绿色发展无疑有助于开放发展。

(二)以生态环境高水平保护推动经济高质量发展

党的十九届五中全会指出,"十四五"时期我国经济社会发展以推动高质量发展为主题。"发展是解决我国一切问题的基础和关键,发展必须坚持新发展理念,在质量效益明显提升的基础上实现经济持续健康发展。"[①]实现高质量发展必须以新发展理念为引领,在经济、社会、文化、生态等各领域体现高质量发展的要求。因此,高质量发展不只是经济的高质量发展,更是各领域相互协调配合共同实现的高质量发展。生态环境保护体现高质量发展要求,就是把生态环境保护作为推动我国经济高质量发展的重要力量和抓手,

---

① 《中共中央关于制定国民经济和社会发展第十四个五年规划和二〇三五年远景目标的建议》,人民出版社 2020 年版,第 8 页。

充分发挥生态环境保护的引导和倒逼作用,以高水平生态环境保护推动经济高质量发展。

通过制度引导和倒逼,推动实现绿色低碳发展。绿色低碳发展是高质量发展的重要标志,但绿色低碳发展不是自然而然实现的,完善的制度体系可以发挥重要的引导、激励和规范作用。因此,通过建立完善的生态环境保护制度体系推动经济社会发展并实现绿色转型,是以高水平生态环境保护推动高质量发展的重要途径。目前,我国生态文明制度体系不断健全,已逐渐形成源头严防、过程严管、后果严惩、责任追究全方位全链条制度优势,环境治理体系、治理能力现代化水平不断提升,我们应充分发挥这种制度优势。正如有学者所指出的,"十四五"时期,我国生态文明建设目标中的关键性指标是主要污染物排放总量的持续减少(生产生活方式的绿色转型)和生态环境质量的持续(根本)好转,而系统推进环境治理体系与治理能力现代化则是实现这些指标不断改善的适当切入点或战略抓手。因此,我们应该用好环境相关的法律、制度和政策的引导和倒逼作用,推进"降低碳排放强度""坚持山水林田湖草系统治理""深入打好污染防治攻坚战"等这些"十四五"期间生态文明建设的重大任务,将这些重大任务同绿色低碳发展有机结合,通过集成优化、协同发力,提升环境和低碳政策的多重效果。

其一,从源头防控来看,我们有"三线一单"、规划环评、项目环评等政策手段,这些手段着眼于中国生态资源的有效保护,从源头上形成空间规划管控、产业结构优化、项目准入等绿色低碳发展的组合措施,把资源配置到最能实现绿色发展的领域中去。

其二,从过程严管来看,我们已经建立了总量控制、排放许可、环境税费、排污权和碳排放权交易、绿色金融、生态补偿机制等管制与经济手段,还有产品生态工业设计、环境标志产品认证、低碳产品认证、清洁生产强制审计等政策工具,这些手段和工具能引导重点行业和基础设施的生态化改造,激发生态产品开发、环保产业等生态产业的发展潜力,推动绿色生产与消费模式的形成。

其三,从后果严惩来看,近年来环境执法监管措施的倒逼作用正在显现,在不断加大对生态环境治理的严格监管的基础上,引导企业采用绿色低碳生产方式。

严格环境监管执法,为企业发展营造公平的市场环境。公平竞争是优化营商环境、推动经济高质量发展的重要举措。环境监管执法的重要目的之一就是为企业发展营造公平的市场环境。党的十八大以来,随着中国环境监管体制的改革,环境监管敢于执法、勇于执法,坚持铁拳铁规治污。但也应看到,当前中国环境违法违规案件仍然高发、频发,仍然存在一些企业违法排污、难以监管等突出环境问题。一些企业为压缩成本,在环保方面投入少,甚至根本不投入,而守法企业加大环保投入必然会增加生产成本,这样在市场竞争中反而处于不利地位。长此以往,必然导致"劣币驱逐良币",严重破坏市场竞争秩序,阻碍产业结构优化升级。加强环境监管执法,就是加大环保倒逼力度,将劣币驱逐出去,净化市场环境,促进经济结构调整,提高经济发展质量,保障广大人民群众的权益。

一是环境监管运用综合手段,加大惩治力度。要采取限产限排、停产整治、停业关闭、行政拘留、查封扣押等行政手段,保持严厉打击环境违法犯罪高压态势,对违法企业进行惩处,防止"劣币驱逐良币"。

二是减少执法对守法合规企业正常生产经营的影响。这种"有保有压"的做法,就是要树立守法企业受益、违法企业受损的绿色发展导向。引导相关企业通过改进工艺、提档升级、整合搬迁再入园,打造现代化、环保型企业,推动经济社会发展和生态环境保护协同共进。

三是环境监管应发挥对"散乱污"企业、落后产能的甄别和治理。对排污严重或治污设施不规范的企业实施分类管理、分步管控。要按照达标排放要求,对产能利用水平较高的行业侧重治理提升,对产能利用水平较低的行业侧重关停并转,维护公平竞争的市场环境,推动行业提质增效。

防范化解重大环境风险,维护人民群众环境权益和社会和谐稳定。有效防范化解重大风险挑战是"十四五"时期实现更高质量、更有效率、更加公平、更可持续、更为安全的发展必须直面和解决的重大现实问题。当前,中国生态环境事件多发、频发的高风险态势仍然没有根本改变,重大生态环境安全风险仍然是威胁经济稳定发展、人民生态环境权益以及社会和谐稳定的重要因素。"十四五"期间,中国仍有大量的环境高风险企业布局于沿江、沿河、沿海区域,制药、化工、造纸等行业仍潜藏着巨大的环境风险。尤其是长江、黄河、珠江等重点流域,大量工业企业沿江河而建,一旦发生突发环境事件,将对流域水环境造成严重影响,危及经济社会发展、公众身体健康和财产安全,甚至会造成重大公共安全问题。因此,防范化解生态环境风险是确保高质量发展的基本条件。

第一,防范化解生态环境风险有助于夯实高质量发展的基石。环境风险一旦爆发,往往会对生态环境造成严重破坏,比如对土壤、水体的严重污染将导致生态退化,这无疑会加重经济发展的负担,进而压缩经济成长的空间,最终降低经济发展的质量。化解环境风险就是为了保护经济发展的成果,为高质量发展提供必要的基础条件。

第二,防范化解生态环境风险有助于为高质量发展提供和谐稳定的社会环境。和谐稳定的社会环境是高质量发展的重要条件,也是高质量发展的重要价值追求。生态环境风险一旦发生,必然会给部分群体带来严重危害,在利益受损者不能或缺乏正常渠道维护自身利益的情况下,可能会引发环境群体性事件。有些环境群体性事件规模较大,甚至出现警民对峙、聚众围堵、冲击党政机关等行为,严重危害社会和谐稳定和公共安全。

第三,防范化解生态环境风险有助于守住高质量发展的生命线。高质量发展需要实现资源的高效配置,当然也包括对环境资源的最优配置,这就必须首先化解生态环境风险。长期以来,中国在环境资源配置方面还不够科学合理,市场机制在环境资源配置方面的决定性作用还没有真正得到有效发挥。市场失灵现象不仅给生态环境领域带来了风险,其弊端也通过各种渠道传导到了经济肌体中,大大阻碍了高质量发展的推进。

(三)以高质量发展实现生态环境高水平保护

绿色发展是高质量发展的重要维度,也是解决生态环境问题的根本之策。"生态环境问题归根到底是经济发展方式问题。"①绿色发展是节约资源、保护生态环境的发展,主要体现在绿色生产生活方式等方面。党的十九届五中全会明确提出绿色低碳发展的目标:"生产生活方式绿色转型成效显著,能源资源配置更加合理、利用效率大幅提高,主要污染物排放总量持续减少,生态环境持续改善,生态安全屏障更加牢固,城乡人居环境明显改善。"②绿色低碳发展是改善生态环境质量和应对气候变化的根本出路,为我们在2035年基本实现社会主义现代化时实现生态环境根本好转、基本实现美丽中国建设目标创造条件。

推动产业结构调整,实施绿色产业转型升级行动,促进资源节约和生态环境保护。高质量发展必须以尊重自然规律为基础和前提,关键是要正确认

---

① 中共中央文献研究室:《习近平关于社会主义生态文明建设论述摘编》,中央文献出版社 2017 年版,第 25 页。

② 《中共中央关于制定国民经济和社会发展第十四个五年规划和二〇三五年远景目标的建议》,人民出版社 2020 年版,第 9 页。

识生态环境在经济发展过程中的重要地位和作用。马克思的自然生产力理论认为,生态环境是自然生产力的源泉,自然生产力是生产力的重要组成部分。习近平多次强调:"保护生态环境就是保护生产力,改善生态环境就是发展生产力。"这一科学论断,从思想和理念的高度揭示了生态环境与生产力之间的关系,既继承了"自然生产力也是生产力"的马克思主义观点,也以保护和改善生态环境的能力丰富了"生产力"概念的内涵。由此,我们也能更加容易地理解"绿水青山就是金山银山"的发展理念。这一理念从人与自然是生命共同体的观点出发,将生态环境内化为生产力的内生变量与价值目标,蕴含着尊重自然、顺应自然、保护自然,谋求人与自然和谐发展的生态理念和价值诉求,揭示了生态环境与生产力之间的辩证统一关系,突破了把保护生态环境与发展生产力对立起来的僵化思维。

转变发展方式、优化经济结构、转换增长动力是新时代实现经济高质量发展的内在要求和基本途径,根本目的在于提高发展的效率和效益。所以,高质量发展就是通过转变发展方式、优化经济结构、转换增长动力来提高劳动、资本、土地、资源、环境等要素的投入产出比和微观主体的经济效益,不断增加企业利润、职工收入、国家税收,其最大特点是发展速度要"下台阶"、发展质量和效益要"上台阶"。检验经济工作成效,要从过去主要看增长速度有多快,转变为主要看质量和效益有多好。

衡量发展质量和效益有许多指标,但资源是否得到节约和保护,环境是否得到改善,是其中两个重要指标。生产方式绿色化是转变发展方式的核心和关键,是节约资源、保护环境的必然选择,是实现高质量发展的应有之义。所谓生产方式绿色化,就是指构建科技含量高、资源消耗低、环境污染少的产业结构。优化产业结构可以提高效率、减少能源资源消耗和环境污染。目前,我国产业结构仍然不够合理,对资源环境的依赖仍然较高。2018 年全国三次产业增加值占 GDP 的比重为 7.2∶40.7∶52.2,第二产业比重依旧偏高,且第二产业中的钢铁、建材、石化、火电等主要工业产品产量仍处于高位平台期,经济发展与资源能源消耗尚未实现实质性脱钩。2019 年全国粗钢、水泥、火电等产品产量和原油加工量分别为 10 亿吨、23.5 亿吨、5.2 万亿千瓦时和 6.5 亿吨,分别占全球总量的 53.3%、56.0%、49.4%和 16.2%。[①] 可见,生态环境问题的根源仍未消除。要实现生态环境的根本好转,就必须坚持绿色发展的目标导向,抓住生产方式绿色化这个根本,实现生产过程的绿色发展、低碳发展、循环发展,从根源上节约资源、减少污染、保护环境。

一是要改造提升传统产业,培育壮大新兴产业。在一些资源消耗和污染都较大的传统产业,尤其是在第二产业仍然是新发展阶段经济发展支柱的背景下,对其进行绿色化改造就成为改善生态环境问题的必然之举。比如,从加大供给侧结构性改革力度的角度淘汰污染严重的"小乱散"企业,加严高污染高能耗产业的环境标准,提高绿色工艺水平,实现生产过程的无害化、绿色

---

① 王金南、秦昌波:《开启美丽中国建设新篇章》,《瞭望》2020 年第 44 期,第 21 页。

化等。同时,大力发展第三产业,尤其是战略性新兴产业和现代服务业,这些产业总体上以科技和智力投入为主,对资源能源消耗较少,对环境污染影响较小。因此,要大力发展新一代信息技术、生物技术、新材料、智能制造、无人配送、医疗健康等新兴产业,逐步实现产业结构的绿色化,真正走上以生态优先、绿色发展为导向的高质量发展新路。

二是要加强产业和企业科学布局谋划。在新的发展阶段,解决我国发展不充分的问题是重要任务,但是不能用环境换发展,要防止污染企业转移到中西部地区及农村地区。在这种背景下,必须严格落实国土空间开发利用制度,防止污染产业向中西部、向农村转移;加强对"散乱污"企业及集群综合整治,做好企业进园区工作。

三是要高度重视服务业带来的资源消耗、环境污染问题。"十四五"时期是中国消费进一步发展升级的时期,要完善服务业环境标准,加强对服务业环境污染的管控。提高生态农业和规模化农业发展水平,推广农业清洁生产技术,严格控制农业面源污染,减少农药、化肥使用量,加强农业废弃物的回收和综合利用。

四是要通过加大绿色科技创新,为实现高质量发展提供不竭动力和源泉。党的十九大报告提出,构建市场导向的绿色技术创新体系,发展绿色金融,壮大节能环保产业、清洁生产产业、清洁能源产业,这为促进科技创新与绿色发展之间更加良性的互动指明了方向。绿色发展作为一种科技含量高、资源消耗低、环境污染少的发展方式,无论是用生态安全的绿色产品拉动内需,还是用循环经济构筑区域经济结构,或是用低耗环保的行为构建新的生活方式,依靠传统的生产生活知识和技术都很难实现,只有通过科技创新才能真正实现。

推进能源生产和消费革命,构建清洁低碳、安全高效的能源体系,实现环境质量根本好转。能源生产和消费革命是推动绿色发展、建设美丽中国的核心环节,尤其对改善环境质量、减少环境污染具有重要作用。目前中国能源结构仍然以煤炭为主,这也是导致环境污染的直接原因。在能源结构方面,中国是世界上最大的能源消费国、煤炭消费国以及金属矿产消费国,中国的能源消费量约占全球能源消费量的 24%,约占全球煤炭消费量的 50%。《中国能源发展报告 2020》显示,2019 年中国煤炭消费量占全国能源消费总量的57.7%,占比超过一半以上;天然气、水电、核电、风电等清洁能源消费量仅占能源消费总量的 23.4%。京津冀区域单位国土面积的煤炭消耗量是美国的40 多倍。① 在新的发展阶段,中国仍处于工业化和城镇化提质升级阶段,还需要大量能源消费的支持,推进能源消费革命对于节约能源、保护环境具有重要意义。

一是要建立清洁化、低碳化和多样化的能源结构。建立清洁化、低碳化和多样化的能源结构是能源生产革命的主要任务。以煤为主的能源结构是

---

① 王倩、袁子林:《深刻认识三个"没有根本改变"》,《中国环境报》2020 年 5 月 27 日,第 3 版。

中国环境污染尤其是大气污染的主要原因。实现新发展阶段"主要污染物排放总量持续减少,生态环境持续改善"①的目标,必然要求把能源清洁化和多元化摆在能源生产革命的首位。因此,应大幅增加清洁能源的生产比例,大力发展光伏、水电、风能等能源。而这些能源目前占能源消费比例很小,还起不到对煤炭消费的替代作用。目前比较有效的办法就是用天然气替代煤炭,这一措施在城市雾霾治理中发挥了重要作用。

二是推进能源消费革命。能源消费革命涉及的范围很广,比如,提升各消费领域的节能水平和效率,减少不合理的能源消费,调整产业结构以改变能源消费结构,等等。能源价格是影响能源消费的关键因素,因此,进行能源价格改革可以引导消费者有效利用和节约能源。当前,我国能源价格形成的市场机制还不健全,一些能源价格仍然实行指导定价政策,价格偏低,不但不利于反映资源稀缺的现实国情,也不利于强化人们节约资源和保护环境的意识。因此,推进能源消费革命和能源价格改革是关键,通过合理的价格机制,使能源使用者受到恰当的成本约束。

积极倡导绿色生活方式,大力培育绿色消费理念,增强生态环境改善的内生动力。生活方式主要由社会物质生产发展决定,随着科学技术进步和生产力迅速发展,财富有了极大增长,物质极大丰富,不少人有了富足、方便、安

---

① 《中共中央关于制定国民经济和社会发展第十四个五年规划和二〇三五年远景目标的建议》,人民出版社 2020 年版,第 9 页。

全、舒适的生活。同时,世界经济全球化,物质生产和精神生产、交通运输和信息流通全球化,人们的生活方式也越来越国际化。生活方式主要由生产力水平及社会财富分配决定,当然也受人的价值观的影响。如不同社会阶层由于占有财富不同,不同的地理环境,不同的民族历史传统,不同的文化和信仰,不同的风俗习惯,具有不同的生活方式。工业文明以物质主义—经济主义—享乐主义为主要特征的高消费的生活方式,是以不断地掠夺、滥用、挥霍和浪费地球资源为代价的。人类目前使用的资源比可再生资源多了74%,相当于1.7个地球的量。地球没有能力支持这样高消费的生活方式。生活方式不仅与绿色发展直接相关,而且可以倒逼生产方式,实现绿色发展。《中共中央关于制定国民经济和社会发展第十四个五年规划和二〇三五年远景目标的建议》首次指出:"开展绿色生活创建活动。"①2017年,中国消费对经济增长的贡献率已高达58.8%,②绿色消费转型将成为绿色发展的强大推动力。"十四五"时期,中产阶级群体将不断扩大,消费能力将不断提升,因此,及时启动全民绿色消费行动计划,以生活方式的绿色转变带动绿色消费,以绿色消费倒逼生产方式绿色转型,从源头大力推进绿色发展方式和生活方式,将极大增强生态环境改善的内生动力。

一是要增强全民绿色意识和行动自觉。绿色生活方式的形成离不开每

---

① 《中共中央关于制定国民经济和社会发展第十四个五年规划和二〇三五年远景目标的建议》,人民出版社2020年版,第28页。

② 李岩:《以绿色消费推动绿色发展》,《光明日报》2018年10月26日,第6版。

一个人的行动,离不开绿色观念的形成。因此,要让绿色意识更加深入人心,最有效的方式就是通过把绿色意识融入社会主义核心价值观教育,让绿色意识真正成为社会主流的价值观念。要在全社会倡导绿色行动,以绿色家庭、绿色社区、绿色学校创建为示范窗口,培养全社会践行绿色意识的行为习惯。

二是要制定和完善绿色消费指南。绿色消费将带来生产领域的彻底革命。企业必须开发新的绿色产品,满足消费者的绿色消费需求;必须改变传统生产模式,实现清洁生产,创造绿色产品,从而不断发展壮大绿色产业。全社会要引导人们力戒过度消费和奢侈消费,形成绿色消费的环境和氛围。

三是要推广绿色消费品。绿色消费品主要包括绿色食品、绿色家用电器等。绿色消费品在人民生活中的推广,可以增强绿色产品企业的市场竞争力,可以吸引或倒逼企业进行绿色转型。当然,目前的绿色消费品还存在价格过高的问题,因此应大力发展绿色科技,降低绿色产品成本。同时,还要加快建立绿色产品专门的流通渠道,推动商场、超市、旅游商品专卖店等流通企业在显著位置开设绿色产品销售专区。要鼓励利用网络销售二手产品,满足不同主体多样化的绿色消费需求。

(四)以供给侧结构性改革推动生态文明建设

供给侧结构性改革是以习近平同志为核心的党中央在我国经济发展进入新常态、迈向更高级发展阶段,适应新常态、引领新常态,以着力改善供给体系、供给效率和质量,坚持供给侧和需求侧同步调整和平衡为目标,着力调整经济结构、发展方式结构、增长动力结构的新逻辑、新战略、新举措。其实，生态文明建设与供给侧结构性改革密切相关，二者相辅相成。通过不断加大供给侧结构性改革，释放生态文明建设供给侧改革红利，让经济实现高质量发展，让人民能够幸福生活。

淘汰落后产能，减少无效供给。减少经济社会发展中的资源能源浪费是生态文明建设的重要任务，淘汰落后产能、减少无效供给是节约资源能源的重要途径。当前，我国传统制造业产能普遍过剩，且高污染、高消耗、高危险、低效益、低产出的"三高两低"特征尤为明显。比如粗钢、水泥、电解铝、平板玻璃的产能，占到全球产能一半左右，有的甚至更高。不改善供给结构，投入的生产要素越多，整个经济的运行效率越低，浪费就越严重，资源环境难以承受。因此，加大淘汰落后产能的力度和决心，是节约和保护资源的当务之急。习近平指出："我们在生态环境方面欠账太多了，如果不从现在起就把这项工作紧紧抓起来，将来付出的代价会更大。"①从过去几年的经验教训来看，为了保持较快的经济增长速度，出于维护职工稳定、地方安宁等需要，政府投资主要流向"三高两低"行业，使之成为无效供给，加剧了产能过剩和环境污染。当前，政府和企业要坚持做减法，提高行业门槛，抑制旧产业、旧业态的供给需求，加快资源从传统"三高两低"行业的退出速度，主动承受凤凰涅槃、浴火

---

① 中共中央文献研究室：《习近平关于社会主义生态文明建设论述摘编》，中央文献出版社 2017 年版，第 3 页。

重生的阵痛。

加大绿色供给。在淘汰资源能源消耗高的落后产能的同时,要加大绿色供给,建立能源资源节约的绿色产业结构。绿色发展与供给侧结构性改革有着密切关系,供给侧结构性改革的目的在于从源头上减少能源资源消耗和环境污染,绿色发展的关键也是以尽可能少的能源资源消耗和生态环境破坏来实现经济发展,即提高单位能源资源消耗或单位污染排放的产出率。因此,从提高效率的角度看,绿色发展与供给侧结构性改革的目的是一致的。从供给侧结构性改革的角度看,加强绿色供给是实现高质量发展的一个重要方面。要先建立绿色供给机制,将经济结构战略性调整与绿色供给结构升级结合起来。比如,通过严格的环境保护制度强化对低端供给侧发展的约束,逐渐淘汰传统的"高投入、高消耗、高排放,低质量、低效益"的粗放型产业,实现绿色产业及战略性新兴产业的规模化。如近年来方兴未艾的环保产业、生态产业、低碳产业等,通过不断调整和优化产业结构和产品结构,使产业结构向着绿色化发展。又比如,以市场为导向,建立绿色供给价格机制,大力发展具有市场潜力的绿色产品,鼓励企业加大对绿色产品的研发投入,积极创新绿色技术,大力推行清洁生产和绿色制造,提高绿色产品质量。再比如,重点打造绿色供应链,实现产品全生命周期绿色化,包括建设以资源节约、环境友好为导向的采购、生产、营销、回收及物流体系,制定严格的绿色产品标准,依据政策形成合理的易为消费者接受的绿色产品价格,推行绿色产品认证机制和评估标准,等等。通过引入绿色供应链管理制度,确保供给侧在全生命周期上的绿色化,满足即将兴起的全球绿色消费需求。

二、把生态文明融入政治建设,形成生态环境保护新的体制机制

从政治视域或政治高度来看待与推动我国的生态文明建设,是习近平新时代中国特色社会主义思想的一个重要内容。无论是从"中国共产党的领导是中国特色社会主义最本质的特征,是中国特色社会主义制度的最大优势"这一重大理论创新来看,还是从"生态环境问题是重大的社会问题,也是重大的政治问题"这一重大论断来看,生态文明建设都是关系中华民族长远利益和人民幸福的重大问题,具有公共性和长期性,无论是个人还是集体,都难以承担起这一关乎全局的战略性的重大工程的历史责任,只有把生态文明建设上升到政治的高度,靠党和政府的引导、推动才能实现。把生态文明建设融入政治建设,体现在党的治国理政实践中,最关键的是要形成以生态环境保护为核心的新的体制机制,通过优化职能配置、完善问责机制,形成中央政府和地方政府以及各职能部门各负其责、协同推进的生态文明建设新格局。

(一)强化党和国家在生态文明建设中的政治领导力

党的十九大报告指出,"中国特色社会主义最本质的特征是中国共产党的领导""东西南北中,党是领导一切的"。建设生态文明,必须强化党和国家在生态文明建设中的政治领导力,这是生态文明建设得以推进、实施以及取得成效的最根本的保证。实现党的十九届五中全会提出的生态文明建设取

得新进步的目标要求,实行最严格的生态环境保护制度,全面建立资源高效利用制度,健全生态保护和修复制度,严明生态环境保护责任制度,用生态文明制度体系促进人与自然和谐共生,最根本的是把党的领导落实到生态文明建设的各领域、各方面、各环节,提升中国共产党对生态文明建设的领导力。

进一步提升中国共产党领导生态文明建设的全局统领力。中国共产党是最高领导力量,代表着国家和人民的整体利益。党中央从国家战略的高度把握生态文明建设,只有中国共产党才能站在中华民族长远利益的角度,担负起领导生态文明建设的重大历史责任。当前,生态文明建设政策在执行过程中将触碰各种利益主体,如果没有一种超越各种利益主体之上的政治领导力,生态文明建设将难以持续推进,也难以在政策创新方面取得一定的突破。在此状况下,就要发挥我们党总揽全局、协调四方的作用,在全社会大力倡导生态文明理念,强化各级执政者加强生态文明建设的意识。我们党一再强调党的各级领导干部一定要从讲政治、顾大局、坚定"四个自信"、牢固树立"四个意识"的高度担负起领导生态文明建设的责任。实际上,党的十八大以来,党中央一直将生态文明建设作为党中央决策的重大问题,加快生态文明建设的顶层设计,给生态文明建设指明未来发展方向。同时,党中央关于生态文明建设的决策部署也在地方党委和政府层面得到了坚决落实,生态文明建设决策的执行力度大大增强,生态文明建设的目标责任制成为干部考核的重要内容。各级人民代表大会对生态文明建设的立法、监督、问责职能不断增强,各地的生态文明建设成为各级人民代表大会的重点讨论议题,对政府关于生态文明建设的各项工作的跟踪监督也在不断强化,保证生态文明建设各项工作落到实处。同时,各地尝试将生态文明建设作为政治协商、参政议政的重要内容,强化政协对生态文明工作的监督职能,使政协在更大范围内集思广益,充分发挥政协作用。

进一步提升中国共产党领导生态文明建设的决策推进力。有制度不执行比没有制度的危害还要大。党的十八大以来,我们党关于生态文明建设的顶层设计和一系列重大决策部署密集出台。一分部署,九分落实,决策形成之后必须进行强有力的推动,因而强化决策执行力也是提升党的生态文明建设领导力必不可少的环节。决策执行力是指党所制定的关于生态文明建设的规划政策的执行效率与效用。党的十九大把"增强绿水青山就是金山银山的意识"写入党章,明确"中国共产党领导人民建设社会主义生态文明";党的十九届四中全会又从制度建设上对坚持和完善生态文明制度体系进一步确认和细化。这些都为各地制定决策、贯彻落实提供了指导。在实践中,必须强化管理、协调、监督和反馈等机制,提升决策推进力,通过对决策的科学化、民主化、专业化程度进行反馈,对政策推进的问题进行收集、整理、纠正,逐步建立涉及大气、水体、土壤等污染治理以及"地上和地下、岸上和水里、陆地和海洋、城市和农村"的生态环境协同治理与保护系统。

进一步提升中国共产党领导生态文明建设的号召力。良好的生态环境是最普惠的民生福祉,生态文明建设离不开广大人民群众的认同与支持。真正在每一个人心中树立"绿水青山就是金山银山"的理念,中国共产党必须强化号召力,以贯彻绿色发展理念凝聚全社会共识。在庆祝中华人民共和国成立 70 周年举行的群众游行中,"绿水青山"主题彩车在全部 70 组彩车中大放异彩。"绿水青山就是金山银山"10 个字,简洁、生动、形象地阐述了经济与自然、发展与环境之间的关系,展现了人与自然和谐共生的美丽画卷。"绿水青山就是金山银山"的理念已经深入人心,成为全社会广大人民群众的共识。通过这种重大纪念活动来宣传我们的生态文明建设理念,会极大地增强人民群众对生态文明建设的认同与支持。党的十九届四中全会公报在总结工作时,特别提到庆祝中华人民共和国成立 70 周年系列活动、庆祝改革开放 40 周年系列活动等,这些活动的成功举办无一不体现了党的巨大号召力。在推进生态文明建设中,要充分发动人民群众,依靠人民群众,调动广大人民群众参与生态环境建设的积极性,通过召开听证会和座谈会、组织民主评议会等方式,让环保组织及利益相关的公民参与到涉及生态环境治理与保护等问题的政策制定中,提高党的生态文明建设政策的民主性、责任落实监督的全面性以及生态治理结果反馈的科学性。

进一步提升中国共产党领导生态文明建设的国际合作力。生态环境问题从根本上说是全球性问题,单靠哪一个国家、哪一个地区的努力是不管用的,需要国际社会携手合作。习近平指出:"建设美丽家园是人类的共同梦想。面对生态环境挑战,人类是一荣俱荣、一损俱损的命运共同体。"①
习近平生态文明思想回答了生态文明建设的历史规律、根本动力、发展道路、
目标任务等重大理论课题,不仅是我们党的理论和实践的创新成果,对于"人
类命运共同体"建设、强化全球生态文明建设合作也具有重要意义。因而必
须强化党在生态文明建设上的国际合作力,积极主动拓展深入参与全球生态
环境治理合作的空间和渠道。当今世界,全球变暖、海洋污染、湿地面积的锐
减以及生物多样性的减少等环境问题对中国参与全球生态环境治理提出了
更高的要求,这就要求我们党在解决生态环境问题时,要具有世界眼光、全球
视野,同时借鉴中国"天人合一"的智慧,提出中国方案。

(二)以全面深化改革引领生态文明建设

"改革开放是决定当代中国命运的关键一招,也是决定实现'两个一百
年'奋斗目标、实现中华民族伟大复兴的关键一招。"②习近平多次强调,改革
开放只有进行时没有完成时,改革开放中的矛盾只能用改革开放的办法来解
决。当前,尽管我国在生态环境保护方面作出了巨大努力,但形势依然很严
峻。层出不穷的环境问题,严重影响人民群众对党和政府治理环境问题的信
心。解决环境问题,聚民心、提民气,关键在深化改革上。

在全面深化改革进程中推进生态文明体制改革。生态文明体制改革是

---

① 习近平:《习近平谈治国理政》(第三卷),外文出版社 2020 年版,第 375 页。
② 中共中央宣传部:《习近平新时代中国特色社会主义思想学习纲要》,学习出版社、人民出版社
2019 年版,第 80 页。

全面深化改革的内在要求，也是全面深化改革的重要抓手。在全面深化改革进程中推进生态文明体制改革是生态文明体制改革的重要逻辑。党的十八大以来，以习近平同志为核心的党中央，从全面建成小康社会，进而建成富强民主文明和谐美丽的社会主义现代化强国、实现中华民族伟大复兴的中国梦的必然要求出发，从必须在新的历史起点上全面深化改革的总基调出发，从深化生态文明体制改革是全面深化改革的重要组成部分和战略定位出发，形成了全面深化生态文明体制改革的逻辑脉络。这就是：第一，全面建成小康社会，进而建成富强民主文明和谐美丽的社会主义现代化国家、实现中华民族伟大复兴的中国梦，必须在新的历史起点上全面深化改革；第二，全面深化改革必须"加快发展社会主义市场经济、民主政治、先进文化、和谐社会、生态文明"；第三，加快发展社会主义生态文明，必须"紧紧围绕建设美丽中国深化生态文明体制改革，加快建立生态文明制度，健全国土空间开发、资源节约利用、生态环境保护的体制机制，推动形成人与自然和谐发展现代化建设新格局"。

基于此，要按照"中国梦—深化改革—生态文明体制改革—生态文明制度—生态文明制度体系"的主线脉络不断深化对生态文明体制改革的认识。这就是："走向生态文明新时代，建设美丽中国，是实现中华民族伟大复兴的中国梦的重要内容"；全面深化生态文明体制改革是全面深化改革的新的举措；制度建设是生态文明体制改革的重点；生态文明制度体系建设是生态文明制度建设的系统措施;形成"更加成熟更加定型"的生态文明制度是"关键环节改革上取得的决定性成果"。

基于生态文明体制改革的逻辑,生态文明建设与经济、政治、文化、社会体制改革密不可分,上述领域体制改革的目标、内容,实际上就是生态文明建设的重要内容。比如,新时代经济体制改革的目标仍然是处理好政府和市场的关系,使市场在资源配置中起决定性作用和更好发挥政府作用。按照这样一个目标推进经济体制改革,实际上也会推进生态文明建设。充分发挥市场的决定性作用,在这一目标指导下,我们不断健全自然资源交易市场,比如碳排放权交易市场,不断健全资源价格形成机制,这些都是生态文明建设的重要内容。

(三)用制度完善生态文明建设的体制机制

加快生态文明制度建设,用制度保护生态环境,是建设生态文明、实现中国梦的制度保障和路径选择。我们应当高度重视政策机制在生态文明制度建设中的灵魂作用,以更大的政治勇气和智慧,不失时机深化生态文明体制和制度改革,坚决破除一切妨碍生态文明建设的思想观念和体制机制弊端。

树立绿色政绩观。中国特色社会主义进入新时代,经济发展已由高速增长阶段转向高质量发展阶段,考核政绩不能光看 GDP,更要看经济增长质量以及人民是否真正获得了实实在在的好处。在过去,唯 GDP 的政绩观催生了高投入、高污染、高损耗的传统经济发展模式,为了提高 GDP,不惜以牺牲绿水青山和人民的健康安全为代价。随着中国特色社会主义进入新时代,人民对美好生活的需要日益广泛,不仅对物质文化生活提出了更高要求,而且时生态环境等方面的要求也日益提高。这就要求各级领导干部牢固树立绿色政绩观,把人民群众追求良好生态环境的需求作为第一选择,切实解决影响人民群众幸福感的生态环境问题,让最广大人民群众共享良好的生态环境,用解决关系群众切身利益问题的实际成效创政绩。因此,领导干部必须履行好实施绿色发展和保护环境的职责,把生态文明建设视为重要的政治任务,将保护好生态环境、让人民过上好日子视为最大政绩。

健全组织保障。生态文明建设是一项非常复杂的系统工程,必须依靠党和政府的组织和领导,其中最关键的是要健全生态保护组织机构。党的十九大报告指出:"加强对生态文明建设的总体设计和组织领导,设立国有自然资源资产管理和自然生态监管机构,完善生态环境管理制度。"现有的自然资源资产管理和自然生态监管涉及多个部委,机构多元、职责交叉、监管重叠。为了给生态文明建设提供坚实的组织保障,有必要建立统一履行职责的体制机制。其基本原则是:有关部门的职责能够剥离的,应当予以剥离,合并到统一监管的部门;不能剥离的,则可按照"一岗双责"的要求予以保留,分工负责。只有这样,才能促进行政监管的社会性与生态系统的自然性相契合。十三届全国人大一次会议贯彻落实十九大精神,决定组建自然资源部和生态环境部,强化对自然资源的监管,实现对山水林田湖草的整体保护、系统修复、综合治理。自然资源部是自然资源资产管理机构,主要行使对各种自然资源摸清底数、确权登记、用途管制等职能。生态环境部是自然生态监管机构,其职能侧重对生态环境、污染排放等方面的监管执法。这一机构改革契合了对山水林田湖草"生命共同体"系统保护的需要,体现了生态系统的综合性和监管的综合性,可以克服以往多头监管和"碎片化"监管问题。随着自然资源部和生态环境部的成立,生态环境治理将会更加科学高效。

三、把生态文明融入文化建设,培育社会主义生态文明观

党的十九大报告指出:"要牢固树立社会主义生态文明观,推动形成人与自然和谐发展现代化建设新格局,为保护生态环境作出我们这代人的努力。"①生态文明观是从人与生态环境整体优化的角度来理解社会存在与发展的基本观念,是尊重自然的伦理意识,是人与自然共存共生的价值意识,是推动生态文明建设的前提基础,也是衡量一个国家和民族文明程度的重要标志。树立社会主义生态文明观,既要对中国传统生态文化进行创新性继承和发展,也要把生态意识融入社会主义核心价值观,实现二者相互促进和相互融合。

(一)实现对传统生态文化的创新性发展

文化是民族的血脉,是人民的精神家园。中华民族有自己独特的生态智

---

① 习近平:《决胜全面建成小康社会 夺取新时代中国特色社会主义伟大胜利——在中国共产党第十九次全国代表大会上的报告》,人民出版社 2017 年版,第 52 页。

慧。在中国的传统文化宝库中,有许多关于生态环境保护的理念,这为新时代社会主义生态文明观的形成和发展提供了丰厚的精神养料和重要的思想启蒙。树立社会主义生态文明观,必须按照马克思主义和新发展理念的要求,对传统生态文化进行创造性发掘和转化,使之成为现代化发展的强大精神动力,成为指导新时代生态文明建设的宝贵思想资源。

中华文明曾经为世界文明的发展作出重要贡献。当今世界,建设生态文明,尤其需要尊重自然,准确把握滋养中国人的文化土壤。中国传统文化包含了丰富的生态文化思想,主要包括"天人合一"的自然本体思想、"仁民爱物"的生态伦理思想、"取用有节"的生态保护思想、"以时禁发"的环境管理思想等。在科技、经济迅速发展,人们物质生活水平快速提高、生态环境严重恶化的今天,这些传统智慧越来越显现出独特的价值,其合理内核已成为社会主义生态文明观的重要组成部分,成为当代生态文明观最为需要的精神资源。实际上,古人创造的传统生态文化,在很多方面是与社会主义生态文明观相契合的,社会主义生态文明观与传统生态文化相结合,能够促进生态文明建设。在某些方面,社会主义生态文明观就是对传统生态文化继承和发展的结果。比如,二者都强调人与自然是一个整体,强调人与自然的和谐发展,强调人对自然万物的尊重与保护,强调要正确理解自然与人类相互依存、不可分割的关系,承认自然的规律性,主张在遵循自然规律的基础上进行人类的实践活动,等等。但是也应该看到,中国传统生态文化中的生态思想植根于农业文明实践之中,这对于新时代生态文明建设来讲缺乏时代要素。因此,我们要站在新时代这个新的起点,以发展的、辩证的眼光看待传统生态文化,对其进行创造性发掘和转化,努力促进它从传统形式向当代形式转换,摒弃其中的消极因素,吸收其中的积极因素,在遵循新陈代谢规律中构建新时代社会主义生态文明观。

当今时代,以习近平同志为核心的党中央,准确把握经济发展新常态,作出建设"丝绸之路经济带"和"21世纪海上丝绸之路"("一带一路")的重大战略部署,提出人类命运共同体思想。这些都将为中华传统文化及其生态智慧获得复兴和崛起提供战略机遇,也必将为当代中国和世界的生态文明建设作出独特而重大的贡献。我们必须全面传承和发扬中华传统优秀生态文化,使古老的东方生态智慧在21世纪复兴和展现它对以生态文明构筑人类命运共同体的传统优势和独特价值。

(二)培育新时代生态文明核心价值观

党的十八大报告提出了"富强、民主、文明、和谐、自由、平等、公正、法治、爱国、敬业、诚信、友善"的社会主义核心价值观。社会主义核心价值观是当代中国精神的集中体现,凝结着全体人民共同的价值追求。社会主义核心价值观与生态文明建设紧密相关,从根本上说,生态文明或绿色发展的价值追求与社会主义核心价值观的价值追求是一致的。社会主义核心价值观内在地包含着绿色理念的价值追求,并以某一个具体的价值观为载体,而绿色理念的价值追求是社会主义核心价值观的具体表达。比如,"绿色发展"理念主要蕴藏于"富强"价值观中,强调发展经济与保护环境两手都要抓,两手都要硬;"生态文明"理念主要蕴藏于"文明"价值观中,指人们在改造客观世界、创建美丽的生态环境时所取得的精神、物质、制度等成果之和;"生态和谐"理念主要蕴藏于"和谐"价值观中,指人与自然和谐相处,遵循自然规律,有节制地开采自然资源;"生态平等"理念主要蕴藏于"平等"价值观中,指人要以更为平等的方式对待自然以及人与人在资源环境方面享有平等的权利;"生态公正"理念主要蕴藏于"公正"价值观中,既指人与其他物种之间的公平与正义,也指当代人与下一代人之间的权利与义务的公正。同时,这些生态理念的具体内涵与要求,是社会主义核心价值观在生态领域的具体表达,是社会主义核心价值观的具体展现。

进入新时代,要将生态文明和绿色理念纳入社会主义核心价值观中,形成新时代生态文明核心价值观。具体来说,就是要大力倡导生态富强、生态民主、生态文明、生态和谐等价值观,把这些重要的价值追求贯穿于国家发展战略和各项大政方针之中,建设一个绿色发展、人与自然和谐的现代化国家。要大力倡导生态平等、生态公平、生态法治等社会价值观,让每个人享受公平的生态产品,享受公平的生态权益,建立生态型社会。要大力倡导生态爱国、生态敬业、生态诚信、生态友善等个人价值观,培养生态型公民。生态文明核心价值观指导我们应该成为什么样的公民,为中国建设富强民主文明和谐美丽的社会主义现代化强国提供思想基础和精神动力。

树立社会主义生态文明观,关键要深刻认识其核心内涵。党的十八大以来,习近平走到哪里,就把对生态文明建设和生态环境保护的关切、叮嘱讲到哪里,他作出了一系列重要讲话、重要论述和批示指示,提出了一系列新理念、新思想、新战略,深刻回答了为什么建设生态文明、建设什么样的生态文明、怎样建设生态文明等重大问题,形成了科学系统的关于生态文明建设的重要战略思想,集中体现了社会主义生态文明观。这些重要思想有:生态兴则文明兴、生态衰则文明衰的深邃历史观;人与自然是生命共同体的科学自然观;绿水青山就是金山银山的绿色发展观;良好生态环境是最普惠的民生福祉的基本民生观;实行最严格生态环境保护制度的严密法治观;等等。这些重要思想是习近平新时代中国特色社会主义思想不可分割的有机组成部分,也是推进生态文明建设的重要理论基础和实践遵循。我们应采取有效举措,大力开展宣传教育活动,增强公民环保意识,让每个公民都成为社会主义生态文明观的宣传者、实践者和推动者。

(三)大力加强生态文明教育

生态文明不仅是一种制度,而且是一种观念、价值和文化。生态文化作为一种新文化,是人类新的生存方式。没有社会主义生态文化的繁荣发展,就没有社会主义生态文明。实现中华民族的伟大复兴,必然伴随我国生态文化的繁荣兴盛。习近平指出:"没有高度的文化自信,没有文化的繁荣兴盛,就没有中华民族伟大复兴。"①文化、文明和教育是紧密联系在一起的,教育的发展水平直接体现了文化与文明的发达程度。繁荣生态文化,倡导、引领生态文明,是现代大学神圣而厚重的绿色教育使命。习近平高度重视生态文明教育,2022 年 4 月他就气候变化问题复信英国小学生时指出,中国各级各类学校都十分重视生态文明教育,中国小学生们都从点滴小事做起,养成节能环保的良好习惯,践行绿色低碳生活方式。

2021 年,生态环境部等六部门印发《"美丽中国,我是行动者"提升公民生态文明意识行动计划(2021—2025 年)》,对生态文明教育尤其是习近平生态文明思想教育作出部署和要求。

一是推进生态文明学校教育。将新时代生态文明建设理论和实践纳入学校教育教学活动安排,将生态文明教育纳入学生综合素质评价,培养青少年生态文明行为习惯。完善生态环境保护学科建设,加大生态环境保护高层次人才培养力度。二是加强生态文明社会教育。加强生态环境法律宣传教育,引导公众增强生态文明意识。积极组织开展生态环境科普教育,发挥生态环境教育基地生态文明宣传教育和社会服务的功能,因地制宜加强生态文明教育场馆建设。综合利用各大网络平台,尤其是"学习强国"等平台开展生态文明网络教育,提升公众的生态文明意识和生态环境保护科学素养。通过

---

① 中共中央宣传部:《习近平新时代中国特色社会主义思想学习纲要》,学习出版社、人民出版社2019 年版,第 138 页。

以上途径,在国民教育体系中要突出以下生态文明教育内容:

加速构建生态文明教育的道德文化体系。国无德不兴,人无德不立。道德是文化的重要体现,也是规范人与人的关系、人与自然关系的基本准则。生态文明倡导对自然的尊重、理解和保护,要求人类以道德的方式处理与自然环境的关系。因此,我们必须从当前我国生态文明建设的实际出发,构建起人与自然之间适当的道德关系。当然,我们不是人类中心主义者,我们也不是生态中心主义者,我们既不能像以往那样野蛮粗暴地征服自然,也不能把自然放在和人类完全等同的位置上,而是提倡以一种弱人类中心主义的立场处理人和自然之间的关系。这就是用一种更加友好和文明的方式对待自然,提倡对自然的文明态度并承担对自然一定程度的道德责任,是一种主张人与自然平等友善关系的新价值观。我们要开展绿色教育,激发人们形成善良的道德意愿、道德情感,培育正确的道德判断和道德责任,引导人们追求讲道德、遵道德、守道德的生活,形成向上的力量、向善的力量。

加速构建生态文明教育的法治文化体系。开展生态文明教育,培育生态文化,法治文化建设是一个非常重要的方面。制度机制、法制建设是生态文明建设的法治保障,加强生态文明法治文化建设不仅是加快建设社会主义法治国家的需要,也是建设生态文明的需要,而且由此培育的法治理念、信仰、价值,关系到我国生态文明的长效机制、长期成果,关系到生态文明的传承和发展。当前,生态文明教育的法治文化体系逐步形成,法律至上、制度至上、代际公平正义、保障环境权的基本理念正在加速普及。法律基础课程作为法治理念教育的主要渠道有序建立。在生态文明建设视野下，我国现有的法律体系已经作出相应的变革，将以往忽略的在制度调整之外的环境、生态利益纳入调整的范围。

推动自然科学、技术科学和社会科学相互转化和统一。在过去，高等教育将社会科学、人文科学与自然科学分化乃至对立起来。社会科学强调人与自然的本质区别，自然科学则从生命和自然的角度研究纯自然规律。社会科学在研究社会现象时，把自然因素剥离，研究所谓的纯社会规律；自然科学在研究自然现象时，把人与社会的因素剥离，研究所谓的纯自然规律。它们不仅研究对象完全不同，而且研究方法和思维方式也完全不同，全然不搭界地并行发展，从而形成完全不同的两种知识体系，形成两种不同的学术和思维传统。马克思和恩格斯指出："历史可以从两方面来考察，可以把它划分为自然史和人类史。但这两方面是密切相连的：只要有人存在，自然史和人类史就彼此互相制约。"在这里，社会与自然没有不可逾越的鸿沟，作为统一整体，脱离自然的社会，或脱离社会的自然，都是不可能的。基于此，生态文明教育或绿色教育完全超越以往的热爱自然、保护环境、节约能源与资源的教育，也超越一般的环境科学和技术、环境保护和环境伦理学等课程。真正的绿色教育不仅要求加强环境科学专门院校或环境科学系、环境保护专业建设；而且要求大学承担起建设生态文明的绿色教育使命，推动大学发展模式的转变，包括办学目标、办学理念、教学目标、教学内容、教学方法和思维方式等一系列转变。绿色教育以培养具有绿色思想乃至思潮以及掌握真正绿色技术的新型人才为第一功能，使他们掌握新的有利于生态保护的系统知识，创造和开发绿色技术，传播生态文明理念，推动社会绿色生产力的发展，形成人与自然和谐共生的发展方式、产业结构和消费模式。

四、把生态文明融入社会建设，满足人民对美好生活的向往

人民对美好生活的向往，就是党的奋斗目标。这一鲜明价值取向，同样表现在我们党对民生工作的高度重视方面。习近平指出："进入新时代，人民对美好生活的向往更加强烈，期盼有更好的教育、更稳定的工作、更满意的收入、更可靠的社会保障、更高水平的医疗卫生服务、更舒适的居住条件、更优美的环境、更丰富的精神文化生活，期盼孩子们能成长得更好、工作得更好、生活得更好。我们要永远保持共产党人的奋斗精神，永远保持对人民的赤子之心，始终把人民利益摆在至高无上的地位。"①党的十八大以来，我们党始终坚持立党为公、执政为民的执政理念，把民生工作和社会治理工作融入生态文明建设的目标和要求中，作为社会建设的两大根本任务，高度重视、大力推进。

---

① 中共中央宣传部：《习近平新时代中国特色社会主义思想学习纲要》，学习出版社、人民出版社2019年版，第41页。

（一）大力推进生态文明建设是不断满足人民日益增长的美好生活需要的内在要求

大力推进生态文明建设是坚持以人民为中心思想，不断满足人民日益增长的美好生活需要的内在要求，同时，它也契合了民生建设的价值追求。改革开放以来，我国城乡居民的生活水平有了很大提高，人民群众的物质文化需求不断升级，不仅有对农产品、工业品等一般物质产品的需求，而且在精神文化层面也提出了很高的要求。其中人民群众对良好的生态产品的需求更为迫切，生态产品的提供成为新时代民生建设的一项重要任务。现在，无论是城市还是农村，人民群众期盼的"舌尖上的安全"、清洁空气、洁净饮水、优美环境等优质生态产品和健康需求还不能得到有效满足，有些问题甚至还非常突出。特别是近年来，一些地区的污染问题集中出现，雾霾天气、饮水安全、土壤重金属含量过高等问题引发社会关注，群众反映强烈。习近平指出："人民群众关心的问题是什么？是食品安全不安全、暖气热不热、雾霾能不能少一点、河湖能不能清一点、垃圾焚烧能不能不有损健康、养老服务顺不顺心、能不能租得起或买得起住房，等等。相对于增长速度高一点还是低一点，这些问题更受人民群众关注。"①习近平关注到的"食品安全、雾霾、河湖清澈、垃圾焚烧"等都是近年来人民群众反映强烈的问题。

---

① 中共中央文献研究室：《习近平关于社会主义生态文明建设论述摘编》，中央文献出版社 2017 年版，第 91—92 页。

生态产品之所以成为新时代人民群众迫切需要的产品,一方面是过去的快速发展带来众多生态环境问题,致使一些最基本的民生需求,比如干净的水、清新的空气遭到破坏;另一方面,随着中国特色社会主义进入新时代,人们对生活质量的要求更高,其消费能力也不断提升,对优质的生态产品的需求也更高,比如安全的绿色产品、优美的生活环境等。优质的生态产品日益成为人民生活水平和生活质量提高的一个重要标志。然而,在城市,人民群众期盼的优质生态产品和健康需求还不能得到有效满足;在农村,生存条件简陋、环境"脏乱差"的问题还比较突出,相当一部分人还喝不上干净的水,缺乏安全的食品。可以说,生态产品短缺已经成为制约我国民生建设的短板,成为影响人民群众幸福感的重要因素。大力推进生态文明建设,让人们喝上干净的水、呼吸新鲜的空气、吃上放心的食物、生活在宜居的环境中,满足城乡广大人民群众对生态产品的需求,是全面建成小康社会的应有之义。这既是我们党以人为本、执政为民理念的具体体现,也是对人民群众对生态产品的需求日益增长的积极响应,还是提高人民福祉,建设美丽中国、幸福中国的出发点和落脚点。

生态文明是民意所在。近年来,一些地区的环境污染问题集中爆发,群众反映强烈,我们党对此有深刻体察。习近平指出:"把生态文明建设放到更加突出的位置。这也是民意所在。"①生态环境问题既然是民意,我们党就必须顺应人民的要求,回答好我们要什么样的发展、怎样发展好这个时代课题。

当然,从经济发展的角度来看,我们已经认识到保护环境、转变经济增长方式的重要性,认识到不能再以粗放式发展对资源进行掠夺式开发,不能再以牺牲生态环境为代价发展经济。但仅仅这样还是不够。习近平明确指出:"经济上去了,老百姓的幸福感大打折扣,甚至强烈的不满情绪上来了,那是什么形势? 所以,我们不能把加强生态文明建设、加强生态环境保护、提倡绿色低碳生活方式等仅仅作为经济问题。这里面有很大的政治。"②环境问题不仅是经济问题,也是社会问题;不仅是社会问题,也是政治问题。曾有人这样总结:30 多年前人们求温饱,现在要环保;30 多年前人们重生活,现在重生态。当前人民群众不是对 GDP 增速不快不满,而是对生态环境不好不满。食物丰足了,但吃得不安全了;城市繁华了,但空气污染了。这样的生活怎么算幸福? 我们党一再强调,一切工作都要从人民群众满意不满意、答应不答应出发。一代人有一代人的责任,一代人有一代人的使命,我们这一代共产党人的责任,就是要有解决生态环境问题的勇气、决心和信心。当然,解决生态环境问题确实需要时间,也必然有个过程,我们用几十年的时间走完了西方发

---

① 中共中央文献研究室:《习近平关于社会主义生态文明建设论述摘编》,中央文献出版社 2017 年版,第 83 页。

② 中共中央文献研究室:《习近平关于社会主义生态文明建设论述摘编》,中央文献出版社 2017 年版,第 5 页。

达国家几百年的路,快速发展起来之后的环境问题必然更加突出。"利用倒逼机制,顺势而为",这既是党中央的坚定决心,也是党中央提出的明确要求。坚决落实党中央部署,严格执行党中央政策,才是真正坚持以人民为中心,才是真正顺应民意。

抓住人民群众最关心、最直接、最现实的利益问题。民生问题就是关系人民群众直接利益和切身利益的问题,比如衣食住行等,直接影响人们的工作、学习和生活。尤其是良好的生态环境,是人们一刻也离不开的,但我们现在面临的问题却是良好的生态环境这种公共产品供给严重不足。改革开放以来,积累下来的生态环境问题日益显现,进入高发、频发阶段。比如,地下水污染和饮用水安全问题突出,部分地区水体重金属含量超标、土壤污染比较严重,全国频繁出现大范围、长时间的雾霾污染天气,等等。这些突出环境问题给人民群众的生产生活、身体健康带来严重影响,社会反映强烈,由此引发的群体性事件不断增多。人民群众对干净的水、清新的空气、安全的食品、优美的环境等的要求越来越高。我们党坚持以人民为中心的发展思想,就必须切实解决危害人民群众切身利益的民生问题。

(二)深入打好污染防治攻坚战

环境污染对人民群众生产生活的影响最为重大,打好污染防治攻坚战,这是全面建成小康社会的底线任务和标志性成果。所以,近年来,我国污染防治的措施之实、力度之大、成效之显著前所未有,污染防治攻坚取得重大成果,阶段性目标、任务圆满完成,人民群众的工作、生活环境明显改善,展现了全面建成小康社会的绿色底色和质量成色。同时应该看到,我国生态环境保护结构性、根源性、趋势性压力总体上尚未得到根本缓解,重点区域、重点行业污染问题仍然突出,我国生态环境形势依然严峻,大气、水、土壤等污染问题仍较突出,广大人民群众热切期盼加快提高生态环境质量。在此背景下,我们党提出"十四五"时期深入打好污染防治攻坚战的任务。

从"十三五"时期的坚决打好污染防治攻坚战,到"十四五"时期的深入打好污染防治攻坚战,从"坚决"到"深入",意味着污染防治触及的矛盾问题层次更深、领域更广、要求更高。深入打好污染防治攻坚战,是解决民生问题的重要方面,是提升人民群众生活质量、满足人民群众美好生活的必然要求。

首先,深入打好蓝天保卫战。近年来,我国大气质量虽有所改善,但成效还不稳固,重点地区污染问题仍然严峻。虽然北方地区的秋冬季大气污染治理攻坚取得积极成效,但与人民群众对蓝天白云、繁星闪烁的期盼,与美丽中国建设目标相比还有一定差距。当前,京津冀及周边地区、汾渭平原等区域秋冬季重污染天气仍高发、频发,既影响人民群众身体健康,也直接影响"十四五"时期空气质量改善目标、任务的完成。目前,细颗粒物(PM 2.5)污染尚未得到根本性控制;臭氧浓度呈缓慢升高趋势,已成为仅次于 PM 2.5 的影响空气质量的重要因素。在不利气象条件下,重污染天气过程依然时有发生。此外,虽然结构调整已经取得积极进展,但以重化工为主的产业结构、以煤为主的能源结构、以公路为主的交通运输结构还没有得到根本转变,大气环境问题的长期性、复杂性、艰巨性仍然存在。

其次,深入打好碧水保卫战。我国组织实施 2022 年城市黑臭水体整治环境保护专项行动,推动出台长江流域水生态考核办法及其实施细则并开展考核试点,持续推进黄河流域"清废行动"以及入河排污口排查整治。此外,开展长江口—杭州湾、珠江口邻近海域入海排污口排查。

最后,深入打好净土保卫战。推进农用地土壤污染防治和安全利用,严格建设用地土壤污染风险管控,组织实施土壤污染源头管控项目。深入开展农业面源污染治理与监督指导试点,开展农村环境整治重点区建设。扎实推进"无废城市"建设,研究制定巩固禁止洋垃圾入境工作方案,实施新污染物治理行动方案。

(三)构建生态治理现代化新格局

生态治理现代化是国家治理现代化的重要组成部分,是形成人与自然和谐发展现代化建设新格局、走向社会主义生态文明新时代的重大举措。把生态文明建设融入社会建设,就是要构建起多元主体参与的治理新模式,在坚持党的领导的前提下,充分发挥政府、企业、社会组织的作用,形成生态治理新格局。

发挥好政府的主导作用。所谓"政府主导",就是在环境治理中强调政府的中心地位和决定性作用。环境治理的"政府主导"体现了现代国家治理的必然性,适应了现代社会发展过程中的阶段性需要,反映了现代公共生活的合法性基础。尤其是中国目前生态环境形势严峻,突出表现为资源约束趋紧、环境污染严重、生态系统退化等。重视政府在环境治理中的中心地位,有利于树立尊重自然的生态文明理念,把生态文明建设放在突出地位;有利于树立顺应自然的生态文明理念,努力建设生态良好、环境优化的美丽中国;有利于树立保护自然的生态文明理念,实现中华民族的永续发展。首先,政府不仅有责任解决影响公众健康的突出环境问题并持续改善环境质量,而且有责任为公众提供更高水平的生态产品和生态服务。政府各部门应明确各自的职责,抓好工作落实,为生产方式、生活方式绿色化提供物质基础并创造相应条件。例如,加大对公共交通设施的投资力度,使公共交通成为安全、便捷、经济的交通方式,让公众切身体会到绿色出行的便利。其次,政府是政策的制定者与实施者,是行政与执法的主体,政府的重大决策失误、行政执法不规范等行为也会造成不良的环境影响。因此,政府需要更加注重自身的决策行为、行政行为的规范化、科学化与民主化。此外,政府也是消费者——重大基础设施投资、购买公共服务以及政府机关日常运行等都需要产生公共支出。政府公共支出的规模通常很大,且在供需关系中占据优势或影响整个供应链。因此,政府的消费或公共支出可以从需求端引导市场供给和绿色化生产,同时可以引领公众的绿色消费。

发挥好企业的主体作用。企业是市场经济的主体,也是环境保护的主

体,还是环境保护的重要参与者,应该承担相应的环保社会责任。新修订的
《中华人民共和国环境保护法》规定了企业环境保护的九大责任。企业作为
环境治理主体,主要有三方面含义:一是作为污染"制造者",按污染者责任原
则,企业应承担污染治理的责任,这是现代环境治理体系下对企业的最基本
要求。二是企业的长期发展需要依靠现代化的制度与文化来强化其社会责
任、环境责任,通过参与社会公益活动和主动承担环境责任等行为来提高企
业形象,企业的自觉环保行为更有利于从源头上减少污染物排放。三是在生
态产品和生态服务供给、污染治理技术与服务供给中,以企业为主体充分体
现了市场在资源配置中的决定性作用。企业作为环境污染治理的第一责任
主体,必须带着环保责任求发展。对企业自身而言,要大力推进科技进步,发
展环保技术,生产环境友好型产品,努力节能降耗,提高资源和能源利用效
率。对政府而言,要加强对企业的规范,加大对企业的执法力度。社会大众
也应加强对企业的社会监督。

发挥好环保组织的积极力量。社会组织是国家治理的重要力量,党的十
九大报告多次提到社会组织且涉及领域广,从侧面反映出在国家治理体系和
治理能力现代化的大格局中,社会组织作为中国社会主义现代化建设不可或
缺的力量,将发挥越来越重要的作用。在新时代,社会组织的作用覆盖了政
治建设、经济建设、社会建设、文化建设、生态文明建设以及党的建设等多个
领域。近年来,在党和政府的高度重视和引导下,环保组织不断发展,在提升

公众环保意识、促进公众参与环保、开展环境维权与法律援助、参与环保政策制定与实施、监督企业环境行为、促进环境保护国际交流与合作等方面作出了贡献。但是，由于法规制度建设滞后、管理体制不健全、培育引导力度不够、自身建设不足等原因，环保组织依然存在管理缺乏规范、质量参差不齐、作用发挥有待提高等问题。因此，要进一步培育社会组织力量，倡导社会责任和培养公共人文精神，激发社会组织活力，推动社会参与，形成政府与第三部门合作伙伴关系，并逐步迈向多主体参与、整体性协作、网络化治理的模式，实现治理结构的良性和均衡，有效引导社会组织在志愿服务供给中的作用，弥补政府供给的缺位或低效，提高生态环境治理水平。

引导公众积极参与。党的十九大报告提出，推进诚信建设和志愿服务制度化，强化社会责任意识、规则意识、奉献意识，这为公众参与社会治理指明了方向。随着公众环境意识、环境权益观的不断发展，公众绿色消费、节水减污等主体身份逐渐明确，公众参与、社会监督作用日益凸显。社会公众作为兼具污染物排放者、环保活动参与者、排污行为监督者、环境改善受益者等多重角色的主体，被纳入中国环境治理体系势在必行。当前，社会公众的生态治理参与意识虽然逐渐增强，他们对空气污染、水污染、化工厂污染等极为关注。但总的来说依然存在以下两方面的问题：一方面，公众参与生态治理的素养不高，很多人会选择网络参与，存在不够理性、缺乏秩序的问题；另一方面，公众利益表达渠道不畅，多主体参与生态治理的相关制度和参与平台建设滞后,缺乏正规的、合适的参与途径,围绕生态问题的社会矛盾呈多发趋势。要解决以上问题,一是要进一步培育公众的参与意识,积极培育"保护生态,人人有责""良好生态环境人人共享"的意识。比如,在广大城乡居民中推行绿色生活方式,在全社会倡导绿色生产行为,这是环境治理的重要社会举措。二是要拓宽公众参与的路径,比如组建生态环保公益组织,搭建公众参与平台。三是要建立公众参与机制,健全重大生态决策听证制度和环境信息公开制度。这不仅是缓解当前生态环境领域存在的突出社会矛盾的主要渠道,还能够增加公众对环境质量和环境治理的关注度,强化公众对环境污染的社会监督,有助于激活公众的"主人"意识,是积极推进生态文明建设的重要社会举措。

第五章　新时代生态文明建设的重大成就

生态文明建设是关系中华民族永续发展的根本大计。党的十八大以来，我们大力推进生态文明建设的理论创新、实践创新和制度创新，引领我国生态文明建设和生态环境保护从认识到实践发生了历史性、转折性、全局性变化。环境污染总体恶化趋势得到遏止，重大生态修复工程持续推进，绿色发展的体制机制进一步完善，全球生态文明建设引领者的地位进一步巩固。我国生态文明建设取得的历史性成就，为"十四五"时期生态文明建设实现新进步，2035年生态环境根本好转、美丽中国建设目标基本实现奠定了坚实基础。

一、生态环境治理实现历史性转折

党的十八大以来，我们把环境污染治理和生态环境修复作为治国理政的突出问题，打响蓝天碧水净土保卫战，创新开展了山水林田湖草系统性生态保护修复，开展了国土绿化行动，不断筑牢国家生态安全屏障，显著提升了生态系统的稳定性和质量。我国生态状况实现了由局部改善到总体改善的历史性转折。中华家园日益美丽动人，人民群众的获得感、幸福感、安全感显著增强。

(一)环境污染治理实现根本逆转

新中国成立以来,尤其是改革开放后,我国工业化、城镇化进程突飞猛进,在这一过程中,很多地方并没有处理好经济建设和生态环境保护之间的关系,也走上了"先污染后治理""边污染边治理"的发展弯路。由于经济增长方式过于粗放,能源资源消耗过快,资源支撑不住,环境容纳不下,社会承受不起,发展难以为继。面对这一历史之痛,习近平指出:"绿水青山不仅是金山银山,也是人民群众健康的重要保障。对生态环境污染问题,各级党委和政府必须高度重视,要正视问题、着力解决问题,而不要去掩盖问题······要按照绿色发展理念,实行最严格的生态环境保护制度,建立健全环境与健康监测、调查、风险评估制度,重点抓好空气、土壤、水污染的防治。"[①]习近平的这一论断振聋发聩,污染治理和生态修复保护被提上生态文明建设的优先议程。

大气污染防治稳步推进,空气质量根本好转。大气污染是人民群众感受最为直观的环境问题,尤其是 2013 年左右,雾霾天气集中爆发,持续时间长,影响范围广,一度出现机场停飞、工厂停工、高速公路关闭、学校停课等严重问题。"环境就是民生,青山就是美丽,蓝天也是幸福",为了提升人民群众的"蓝天幸福感",扭转环境污染不断恶化的趋势,我们党以壮士断腕的决心和

---

① 中共中央文献研究室:《习近平关于社会主义生态文明建设论述摘编》,中央文献出版社 2017 年版,第 90 页。

勇气,坚决治理环境污染,先后出台一系列法律法规,利用严格的法律推进污染治理。2014年政府工作报告中引人注目的一句话是:"我们要像对贫困宣战一样,坚决向污染宣战。""向污染宣战",就是以大气、水、土壤污染为重点,进行环境污染治理,解决危害人民利益的突出环境问题。

针对我国出现的长时间、大范围重污染天气,2013年国务院出台《大气污染防治行动计划》,也被称为"大气十条",提出了空气质量改善的目标:到2017年,全国地级及以上城市可吸入颗粒物(PM 10)浓度比2012年下降10%以上,优良天数逐年提高;京津冀、长三角、珠三角等区域细颗粒物(PM 2.5)浓度分别下降25%、20%、15%左右,其中北京市细颗粒物年均浓度控制在每立方米60微克左右。在制定空气质量改善目标的同时,该计划也制定了实现目标的途径和主要举措,即采取综合性的政策措施,大力治理污染源,涉及产业结构升级、能源结构调整、污染点源面源的治理、治理机制和保障等。为了有效治理跨区域的污染问题,我国还创立了一系列协作机制,包括部际协作机制、区域协作机制,成立了京津冀及周边地区大气污染防治领导小组,建立了汾渭平原、长三角大气污染防治协作机制。这些协作机制在空气质量改善、污染控制、应急预警中都起到了重要作用。同时,我国还采取了一系列配套的政策措施,涉及能源结构、产业结构、经济政策、目标管理责任制等方面的政策调整。例如,我国实行的大气专项资金使用的管理办法、环保电价、阶梯电价、火电的节能改造等,都是围绕环境质量改善目标制定、实施的配套政策。

在各项法律法规和配套制度政策的共同作用下,从 2013 年"大气十条"实施到 2018 年,仅仅 6 年时间,第一批开展 PM 2.5 监测的 74 个重点城市,PM 2.5 平均浓度下降了 41.7％。近几年环境改善尤其明显,2017 年 PM 2.5 同比下降 20.5％,2018 年同比下降 12.1％,2019 年 1—8 月同比下降 14.3％。2018 年,全国 338 个地级及以上城市平均优良天数比例为 79.3％。北京自 2013 年 9 月出台《北京市 2013—2017 年清洁空气行动计划》之后,"坚持标本兼治和专项整治并重、常态治理和应急减排协调、本地治污和区域协作相互促进原则,多措并举"。① 经过多方努力,到 2018 年,PM 2.5 年平均浓度为每立方米 51 微克,较 2013 年下降 42.7％。2020 年全国空气质量明显改善,202 个城市空气质量达标,同比增加了 45 个,京津冀及周边地区、长三角地区、汾渭平原等重点区域优良天数同比分别提高 10.4、8.7、8.9 个百分点,重污染天数同比明显减少。形成鲜明对比的是,1952 年伦敦雾霾事件后,英国政府用了 30 年左右的时间,才摘掉了伦敦"雾都"的帽子;1943 年美国洛杉矶雾霾大爆发,直到 64 年后的 2007 年,洛杉矶的空气才达到清洁标准;20 世纪 60 年代因"四日市公害"事件,日本开始治理空气中的硫氧化物,从 1975 年的每立方米 50 微克减少到 2010 年的每立方米 21 微克,前后用了 35 年时间……可见,我国大气污染治理的力度之大、见效之快是前所未有的。

----

① 习近平:《论坚持人与自然和谐共生》,中央文献出版社 2022 年版,第 60—61 页。

同时,大气污染防治带来了积极的社会经济效益,有力地提升了人民群众的生活质量。我们知道,空气污染是导致过早死亡的最重要的全球环境风险因素之一。从 2016 年起,《柳叶刀》杂志每年发表年度报告,清晰阐述气候变化如何对人类的健康产生负面影响,以及正确的应对措施带来的益处。该年度报告给科学家们提供了一个重要的发声平台。这一议题虽然在国外被讨论了很多年,但在我国仍然鲜为人知。2020 年,来自清华大学、伦敦大学学院和中国疾病预防控制中心等 19 家国内外顶尖研究机构共 77 个研究者,在年度报告的基础上共同撰写了首份符合中国国情的《柳叶刀倒计时人群健康与气候变化报告》。该报告指出,中国政府采取的清洁空气政策,例如《大气污染防治行动计划》,从 2015 年到 2019 年,让中国 367 座城市的空气污染减少了近 28%,使得我国每年与空气污染有关的死亡人数减少了约 9 万例。通过污染治理大幅减少与空气污染有关的死亡人数,提供了对人民生命安全的最基本的保障。

水污染防治加码,水质量明显改善。大气污染治理难,水污染治理也难。党的十八大以来,我国不断加大水污染治理力度,党中央和国务院高度重视,对水污染治理进行总体部署,提出明确要求。比如,提出"要把修复长江生态环境摆在压倒性位置,共抓大保护,不搞大开发",[1]修复长江生态,最基础的

---

① 中共中央文献研究室:《习近平关于社会主义生态文明建设重要论述摘编》,中央文献出版社 2017 年版,第 69 页。

就是改善长江水污染严重的状况,提升水质。又比如,2015 年,习近平到云南大理了解洱海生态保护情况,殷切叮嘱当地干部"立此存照,过几年再来,希望水更干净清澈"。① 再比如,要求让山西汾河"水量丰起来、水质好起来、风光美起来"等,表明了我们党对水污染治理的坚定决心。2015 年《水污染防治行动计划》颁布实施,确定 10 条、238 项有力措施,并逐一落实到具体牵头部门及参与部门,政府、企业、公众形成合力。该计划的主要目标是实现水质量好转,通过减排和扩大生态环境容量"两手抓",包括全面控制污染物排放、推动经济结构转型升级、着力节约保护水资源、强化科技支撑、充分发挥市场机制作用、严格环境执法监管、切实加强水环境管理、全力保障水生态环境安全、明确和落实各方责任、强化公众参与和社会监督等十条具体措施。2014 年水利部开始在全国推广、试点河长制;2016 年中央全面深化改革领导小组第二十八次会议通过《关于全面推行河长制的意见》,决定在全国推行河长制。河长制是河湖管理工作的一项制度创新,也是我国水环境治理体系和保障国家水安全的制度创新。2018 年新修订的《中华人民共和国水污染防治法》正式实施,新版水污染防治法强化了地方政府在水污染保护方面的责任,加强了对违法行为的惩治力度,为解决比较突出的水污染问题和水生态恶化问题提供了强有力的法律武器。

---

① 陈海波,任维东:《留得住绿水 记得住乡愁——大理洱海畔古生村的变与不变》,《光明日报》2017年 10 月 5 日,第 1 版。

随着各项水污染治理的法律规章出台及落地实施,特别是水生态修复和综合治理的展开,我国水质持续改善,全国地表水优良水质断面比例不断提升。2021年1—12月,3641个国家地表水考核断面中,水质优良(Ⅰ—Ⅲ类)断面比例为84.9%,与2020年相比上升1.5个百分点;劣Ⅴ类断面比例为1.2%,均达到2021年水质目标要求。主要江河水质优良率断面达87%,继续保持增长势头。2020年,长江干流历史性实现全Ⅱ类及以上水质,珠江流域水质由良好改善为优,黄河、松花江和淮河流域水质由轻度污染改善为良好。长江、黄河、珠江、松花江、淮河、辽河等重点流域基本消除劣Ⅴ类水质断面。人民群众关心的黑臭水体问题治理成效显著,至2020年年底,全国地级及以上城市2914个黑臭水体消除比例达到98.2%。

土壤污染防治逐步开展,净土保卫战稳步推进。富饶肥沃的土地,是大自然赐予人类的宝藏,也是中华民族赖以生存和发展的根基,必须把中华民族安身立命的土地保护好。面对当前不容乐观的土壤污染状况,必须对土壤污染进行管控和修复,有效防范化解潜在风险。相比较大气和水污染治理,土壤污染治理更为艰难。土壤污染具有长期性、隐蔽性和滞后性的特点,不太能引起人们及时关注,而且污染治理周期长、代价大。党中央、国务院高度重视土壤污染防治,采取一系列措施切实加强土壤污染防治,逐步改善土壤环境质量。2016年5月国务院发布《土壤污染防治行动计划》,包括推进土壤污染防治立法,建立健全法规标准体系,实施农用地分类管理、保障农业生产环境安全，强化未污染土壤保护，严控新增土壤污染，加强污染源监管、做好土壤污染预防工作，开展污染治理与修复、改善区域土壤环境质量，发挥政府主导作用、构建土壤环境治理体系等方面的工作。2018 年 5 月，习近平在全国生态环境保护大会上强调："要全面落实土壤污染防治行动计划，推动制定和实施土壤污染防治法。突出重点区域、行业和污染物，强化土壤污染管控和修复，有效防范风险，让老百姓吃得放心、住得安心。"①此后，我国加快了土壤污染防治立法，2019 年 1 月 1 日，《中华人民共和国土壤污染防治法》正式施行，这是我国首次制定专门的法律来规范和防治土壤污染，该法也被称为"最强土壤保护法"。比如，该法明确规定，石油加工、化工、焦化等行业中纳入排污许可重点管理的企业将被重点监管；又比如，农药、肥料等农资产品的生产者、销售者和使用者应当及时回收农资废弃物。该法还规定，推进土壤污染综合防治先行区建设，实施土壤污染治理与修复技术应用试点项目，等等。这些新的规定，让土壤污染治理有了明确的法律保障。此外，我们还陆续出台了《污染地块土壤环境管理办法（试行）》《农用地土壤环境管理办法（试行）》《工矿用地土壤环境管理办法（试行）》等政策措施，一系列政策的出台和标准的制定，让土壤污染防治进入兼顾保障土壤质量和控制环境风险的新阶段。

随着土壤污染防治法规标准体系和工作机制的不断健全，全国土壤环境

---

① 习近平：《论坚持人与自然和谐共生》，中央文献出版社 2022 年版，第 18 页。

风险管控进一步强化,耕地周边工矿污染源得到有力整治,建设用地人居环境风险联合监管机制逐步形成,土壤污染加重趋势得到初步遏制,土壤生态环境质量保持总体稳定,净土保卫战取得积极成效。一是扎实推进全国土壤污染状况详查等基础工作,为土壤污染风险管控奠定坚实基础。掌握土壤污染的准确翔实情况,是推进土壤污染防治的基础性工作。生态环境部会同农业农村部、自然资源部初步建成国家土壤环境监测网,基本实现所有土壤类型、县域和主要农产品产地全覆盖。二是推动农用地土壤污染风险管控。《土壤污染防治行动计划》发布实施后,生态环境部会同有关部门进一步组织开展了涉镉等重金属重点行业企业排查整治行动,共排查企业13000多家,确定需整治污染源近2000个,切断了污染物进入农田的链条,取得明显成效。三是强化人居环境风险防范,农业农村部牵头组织在部分省(区、市)开展了农用地土壤环境质量类别划分试点及农用地安全利用和治理修复试点示范等工作,为推动受污染耕地安全利用探索道路、积累经验。四是深入开展土壤污染综合防治试点示范工作。积极推进土壤污染综合防治先行区建设,浙江台州、湖北黄石、湖南常德、广东韶关、广西河池、贵州铜仁6个先行区在土壤污染源头预防、风险管控、治理修复、监管能力建设等方面先行先试,探索经验。

(二)生态保护和修复不断加强

自然生态是重要的经济财富和生态财富,不但为经济社会发展提供所需要的各种物质资料，而且是人们生命、生活都离不开的宝贵的自然存在，比如阳光、空气等。党的十八大以来，我们深刻领会习近平关于尊重自然、顺应自然、保护自然的正确自然观，在全面加强生态保护的基础上，不断加大生态修复力度，在国土绿化、湿地与河湖保护修复、防沙治沙、水土保持、生物多样性保护、土地综合整治、海洋生态修复等重点生态工程方面持续用力，取得了显著成效。我国生态恶化趋势基本得到遏制，自然生态系统总体稳定向好，服务功能逐步增强，国家生态安全屏障骨架基本构筑起来。

自然保护区迅速增加。自然保护区因其重要的生态价值和功能而必须被加以保护，不得为了局部特殊利益而滥加利用开发。因自然保护区有着代表性的自然生态系统、生存有珍稀濒危野生动植物物种、有着有特殊意义的自然遗迹等，其具有重要的生态价值或发挥重要的生态功能，国家依法划出一定面积予以特殊保护和管理。长期以来，人们对自然保护区的重视程度不够，依法管理的力度也不够，非法开发保护区、侵占保护区的事情屡屡发生。党的十八大以来，随着人们生态文明意识的提升，随着各项法律法规得到严格落实，自然保护区也真正得到了保护。基于对不同地区生态价值的认识和重视，不但自然保护区在数量和规模上不断扩大，而且在理念上也发生了很大转变——由过去的"看家护院""严防死守"式的保护，转向基于科研、监测、修复等方面的科学管理。2017 年，全国自然保护区达 2750 个，比 2000 年增加 1523 个；自然保护区面积为 14717 万公顷，比 2000 年增长 49.9%。我国自然保护区已占国土面积的 14.8％,是世界上规模最大的保护区体系之一。在我国还没完成工业化、发展任务依然繁重的背景下,我国的自然保护区数量、面积已经达到较高水平,占国土面积的比例基本上是合理的。早期的"抢救性保护"措施,及时划建了一部分自然保护区,开展强制性保护,体现了保护优先的原则,避免了自然保护区遭到进一步破坏的局面。当前,中国自然保护区事业正经历从"速度规模型"向"质量效益型"转变。

建立国家公园体制。建立国家公园体制,是以习近平同志为核心的党中央站在实现中华民族永续发展的战略高度作出的重大决策。国家公园体制是我国生态保护体制机制的重大创新。所谓国家公园,是指由国家批准设立并主导管理,边界清晰,以保护具有国家代表性的大面积自然生态系统为主要目的,实现自然资源科学保护和合理利用的特定陆地或海洋区域。我国的国家公园体制以加强自然生态系统原真性、完整性保护为基础,以实现国家所有、全民共享、世代传承为目标。2015 年,国家启动了 10 个国家公园体制试点建设,分别是三江源国家公园、东北虎豹国家公园、大熊猫国家公园、祁连山国家公园、海南热带雨林国家公园、武夷山国家公园、湖北神农架国家公园、钱江源国家公园、香格里拉普达措国家公园、南山国家公园。国家公园体制试点以来,党中央始终把完善顶层设计放在首要位置。习近平作出一系列重要指示,为国家公园体制试点把脉问诊、掌舵定向,推动国家公园体制试点稳步前行。

　　同时，试点期间各国家公园积极履行职责，不断加强对自然生态系统的保护修复，统筹实施生态保护修复工程，抢救性保护珍稀、濒危物种，严厉打击破坏野生动植物资源的违法犯罪行为，实现了自然生态系统整体保护修复，有效保护了大熊猫、东北虎、东北豹、海南长臂猿等最具代表性的旗舰物种。比如，三江源生态系统退化趋势得到初步遏制，水资源总量逐步增加，植被覆盖率明显提高，藏羚羊数量由20世纪80年代的不足2万只恢复到7万多只。又如，东北虎新增幼虎10只，种群数量达到50只以上，幼崽存活率从试点前的33％提升到目前的50％以上；东北豹新增幼豹7只，种群数量达到60只以上。这些成效的取得，彰显了最严格的保护带来的巨大变化，打造了一批美丽中国建设的精品力作，进一步坚定了推进国家公园建设的信心和决心。2021年10月12日，习近平在《生物多样性公约》第十五次缔约方大会领导人峰会上发表主旨讲话，宣布中国正式设立三江源、大熊猫、东北虎豹、海南热带雨林、武夷山等第一批国家公园。这标志着我国生态文明领域又一重大制度创新落地生根，也标志着国家公园由试点转向建设新阶段。今后，我们要把工作重点放在高质量推进国家公园建设上，加快构建统一、规范、高效的中国特色国家公园体制，为建设生态文明和美丽中国作出更大贡献。

　　实施重大生态修复工程。良好的生态是中华民族生存发展的根基，也是生态文明建设的基础性工作。鉴于我国生态环境的严峻形势，我国把实施重大生态修复工程、增强生态产品生产能力作为生态文明建设的突出任务。近年来,我国实施了一大批重大生态修复工程,推进荒漠化、石漠化、水土流失综合治理,扩大森林、湖泊、湿地面积,保护生物多样性等,取得了积极成效。一是森林资源总量持续快速增长。通过三北和长江等重点防护林体系建设、天然林资源保护、退耕还林等重大生态工程建设,深入开展全民义务植树,森林资源总量实现快速增长。截至 2018 年年底,我国森林面积居世界第 5 位,森林蓄积量居世界第 6 位,人工林面积长期居世界首位。二是草原生态系统恶化趋势得到遏制。草原是中国重要的生态系统,在维护国家生态安全、边疆稳定、民族团结和促进社会经济可持续发展、农牧民增收等方面具有基础性、战略性作用。党的十八大以来,我国高度重视草原生态系统的保护和恢复,通过实施退牧还草、退耕还草、草原生态保护和修复等工程,草原生态持续恶化的势头得到了初步遏制,草原生态状况和生产能力持续提升。2020年全国草原综合植被盖度达到了 56.1%,鲜草产量达到 11 亿吨,草原生态功能逐步恢复。但是,当前草原生态依然脆弱,仍然有 70% 的草原处于不同程度的退化状态,草原保护和修复的任务还十分艰巨。三是水土流失及荒漠化防治效果显著。通过积极实施京津风沙源治理、石漠化综合治理等防沙治沙工程和国家水土保持重点工程,启动沙化土地封禁保护区等试点工作,全国荒漠化和沙化面积、石漠化面积持续减少,区域水土资源条件得到明显改善。塞罕坝林场建设、库布其沙漠治理等都创造了人类历史上防沙治沙的奇迹,尤其是库布其治沙模式为全球荒漠化治理贡献了中国经验和中国智慧,库布其沙漠也成为中国的一张绿色名片。2012 年以来,我国水土流失面积减少 2123 万公顷,沙化和石漠化土地面积分别年均减少 19.8 万公顷和 38.6 万公顷。四是河湖、湿地保护初见成效。截至 2018 年年底,我国国际重要湿地有 57 处、国家级湿地类型自然保护区有 156 处、国家湿地公园有 896 处,全国湿地保护率达到 52.2%。五是海洋生态保护和修复取得积极成效。我国陆续开展了沿海防护林建设、滨海湿地修复、红树林保护、岸线整治修复、海岛保护、海湾综合整治等工作,局部海域生态环境得到改善,红树林、珊瑚礁、海草床、盐沼等典型生境退化趋势初步得到遏制,近岸海域生态状况总体呈现趋稳向好态势。截至 2018 年年底,我国累计修复岸线约 1000 千米、滨海湿地 96 平方千米、海岛 20 个。六是生物多样性保护步伐加快。通过稳步推进国家公园体制试点,持续实施自然保护区建设、濒危野生动植物抢救性保护等工程,生物多样性保护取得积极成效。大熊猫、朱鹮、东北虎、东北豹、藏羚羊、苏铁等濒危野生动植物种群数量呈现稳中有升的态势。

(三)生态文明制度体系加快形成

党的十八大以来,我们党不断深化对生态环境保护和生态文明建设的规律性认识,抓住用制度保护生态环境这个根本,逐步形成了具有鲜明中国特色的社会主义生态文明制度体系。党的十九届四中全会通过的《中共中央关于坚持和完善中国特色社会主义制度 推进国家治理体系和治理能力现代化若干重大问题的决定》,强调坚持和完善生态文明制度体系,促进人与自然和谐共生。将生态文明制度体系纳入国家制度和治理体系,这为推动我国生态文明建设规范化和法治化奠定了牢固的制度基础。同时,确定了生态文明制度体系的保护、利用、修复、责任四个方面的内容。只有制度体系健全完善,才能实现治理效能的提升。

第一,实行最严格的生态环境保护制度体系。在生态环境问题上,我们坚决贯彻保护优先、节约优先的基本原则,这些基本原则在生态文明制度体系建立过程中得到了很好的体现。党的十九届四中全会将生态环境保护制度列为坚持和完善中国特色社会主义制度、推进国家治理体系和治理能力现代化的重要内容。健全生态环境保护制度体系,需要把事前、事中、事后贯通起来,只有做到纵向到底、横向到边,控源头、管过程、重惩处,才能有效保障和促进人与自然和谐共生的现代化。这一制度体系重在科学保护和严格保护,主要包括健全国土空间规划和用途统筹协调管控制度、主体功能区制度、以排污许可制为核心的固定污染源监管制度、生态环境保护法律体系和执法司法制度等。

第二,全面建立资源高效利用制度体系。建设社会主义现代化强国,实现经济高质量发展,离不开自然资源。在我国自然资源日趋紧张的背景下,对自然资源不能再继续粗放利用,甚至破坏性利用,要通过全面建立资源高效利用制度体系,科学利用自然资源,这是保护自然资源的内在要求。当前,我国已经建立了多项相关制度,从法律体系、法规方案、部门规章、标准规范、配套政策等方面形成了一套较为完善的资源高效利用制度落实办法。一是制定了从资源开发、利用到处置全环节的法律体系。资源开发方面的法律主要包括《中华人民共和国矿产资源法》《中华人民共和国水法》《中华人民共和国森林法》《中华人民共和国可再生能源法》《中华人民共和国海洋环境保护法》等;资源利用方面的法律主要包括《中华人民共和国土地管理法》《中华人民共和国节约能源法》《中华人民共和国循环经济促进法》《中华人民共和国清洁生产促进法》等;资源处置方面的法律主要包括《中华人民共和国固体废物污染环境防治法》等。这些法律为推动资源高效利用制度的落实奠定了基础。二是针对资源高效利用的制度要求,我国发布了一系列指导意见、配套办法和实施方案,为推动制度落实指明了方向、提供了支撑。如关于资源产权制度改革,我国 2016 年发布《关于全民所有自然资源资产有偿使用制度改革的指导意见》;2017 年印发《关于建立资源环境承载能力监测预警长效机制的若干意见》,提出建设资源环境监测预警数据库和信息技术平台、一体化监测预警评价机制等;2019 年印发《关于统筹推进自然资源资产产权制度改革的指导意见》。三是出台了一系列具体的部门规章、标准规范和技术指南。为推动节能减排工作的开展,我国建立了节能环保产品政府强制采购和优先采购、能效标准标识、能效领跑者、节能监察、用能权交易、碳排放权交易等一系列机制。

第三,健全生态保护和修复制度体系。生态保护和修复制度体系重在统筹山水林田湖草一体化保护和修复,增强保护的系统性,提升保护的整体效果。我国生态保护的一项重要举措是划定生态保护红线,它是指国家依法在重点生态功能区、生态环境敏感区和脆弱区等区域划定的严格管控边界,是国家和区域生态安全的底线。生态保护红线对于维护生态安全格局、保障生态系统功能、支撑经济社会可持续发展具有重要作用。2017 年,中共中央办公厅、国务院办公厅印发《关于划定并严守生态保护红线的若干意见》,截至2021 年 7 月,全国生态保护红线划定工作基本完成,初步划定的全国生态保护红线面积不低于陆域国土面积的 25%,覆盖了重点生态功能区、生态环境敏感区和脆弱区,保护红线涵盖了森林、草原、湖泊、湿地、海洋等生态保护的重要区域。生态保护红线集中分布在青藏高原、秦岭、黄河流域、长江流域等重要生态安全屏障。2019 年,自然资源部印发《关于探索利用市场化方式推进矿山生态修复的意见》,明确激励政策,吸引社会投入,推行市场化运作、科学化治理的模式,加快推进矿山生态修复。2021 年,国务院办公厅发布《关于加强草原保护修复的若干意见》,要求到 2025 年,草原保护修复制度体系基本建立。

第四,严明生态环境保护责任制度体系。生态环境保护责任制度体系就是针对那些负有生态环境保护责任或义务的个人、企业或组织不履行其义务而制定的一系列制度,重在督促其责任、义务的落实。主要包括生态文明建设目标评价考核制度,比如 2016 年发布的《生态文明建设目标评价考核办法》,该办法是对各省、自治区、直辖市党委和政府生态文明建设目标的评价考核,考核的目的之一就是强化省级党委和政府生态文明建设的主体责任,督促各地区自觉推进生态文明建设。此外,还有生态环境责任追究制度、生态环境损害赔偿制度等。2015 年发布的《党政领导干部生态环境损害责任追究办法(试行)》,就是用制度来引领和规范领导干部用权,划出了领导干部在生态环境领域的责任红线,凡是不履责、不作为或越位干扰履责的,都要按制度进行处理,这就形成了领导干部在生态环境领域正确履职用权的制度屏障。2017 年 8 月,中央全面深化改革领导小组通过的《生态环境损害赔偿制度改革方案》,就是在全国范围内试行生态环境损害赔偿制度,明确了生态环境损害赔偿范围、责任主体、索赔主体、损害赔偿解决途径等,形成相应的鉴定评估管理和技术体系、资金保障和运行机制,逐步建立生态环境损害的修复和赔偿制度。明确生态环境保护责任制度,就是要使责任变成行动,使保护生态环境成为各级党员干部和人民群众的内在追求,消灭轻视、掩盖环境问题的现象和行为。

二、绿色发展理念得到进一步贯彻落实

党的十九大报告指出:"发展是解决我国一切问题的基础和关键,发展必须是科学发展,必须坚定不移贯彻创新、协调、绿色、开放、共享的发展理

念。"①绿色发展是新发展理念的重要内容,是我们党对自然界发展规律、人类社会发展规律、中国特色社会主义建设规律在理论认识上的升华和飞跃,更是对全球生态环境问题和我国当前发展所面临的突出问题的积极回应。新发展理念提出以来,全党全社会贯彻绿色发展理念的积极性、主动性空前提高,推动经济社会发展方式发生重大转变,有力促进了经济社会转型升级,为新时代经济社会发展开辟出新的发展道路和发展前景。

(一)推动经济社会发展方式发生根本变革

生态文明建设的根本在于形成节约资源、保护环境的生产方式和产业结构,绿色循环低碳发展,是当今科技革命和产业变革的方向,是最有前途的发展领域。党的十八大以来,我国坚持绿色发展,按照经济社会发展和生态环境保护协调统一的要求,努力改变传统的"大量生产、大量消耗、大量排放"的生产模式和消费模式,逐渐建立起节约资源、保护环境的发展方式和产业结构,推动经济社会发展方式的根本变革。

产业结构调整取得重大进展。生态文明建设有非常丰富的内涵,也有多元的衡量标准,但最核心的衡量指标就是生产方式和产业结构。也就是说,考量生态文明建设的水平,重要的衡量指标就是看是否形成了绿色化的产业结构。产业结构调整了,粗放型的过剩产业得到限制,绿色环保产业得到发

---

① 习近平:《决胜全面建成小康社会 夺取新时代中国特色社会主义伟大胜利——在中国共产党第十九次全国代表大会上的报告》,人民出版社 2017 年版,第 21 页。

展,污染物的排放就减少了。因此,生态文明建设不只是种草种树、末端治理,更是发展方式的根本转变。

当前,我国产业结构调整包括产业结构合理化和产业结构高级化两个方面。产业结构合理化是指各产业之间相互协调,有较强的产业结构转换能力和良好的适应性。产业结构高级化,又称为产业结构升级,是指产业结构系统从较低形式向较高形式的转化过程。产业结构的高级化一般遵循产业结构演变规律,由低级向高级演进。"十三五"以来,我国经济高质量发展稳步推进,推动产业结构调整、淘汰落后产能、改造提升传统产业、培育壮大新兴产业等重大改革举措,有力地推动了生态文明建设。2020 年,我国三次产业占比为 7.7∶37.8∶54.5;2021 年,我国第一产业增加值占 GDP 的比重为7.3%,第二产业增加值占比为 39.4%,第三产业增加值占比为 53.3%。虽然第三产业增加值仍然偏低,但这已经是近几年坚持绿色发展的重要成果。一方面,根据供给侧结构性改革要求,我们坚决遏制产能过剩和重复建设,钢铁、煤炭、煤电、水泥、平板玻璃、电解铝等行业去产能成效显著,这些产业具有资源消耗大、环境污染严重等特点,削减这些领域落后的产能,对于节约资源、保护环境有重大作用。另一方面,坚持推动和支持战略性新兴产业和服务业,进退并重实现产业结构转型。2016—2018 年,我国钢铁和煤炭行业分别压减淘汰落后产能 1.5 亿吨和 8.1 亿吨,煤电行业淘汰关停落后机组 2000万千瓦以上,均提前完成"十三五"去产能目标。

同时,我国新产业、新业态、新商业模式的"三新"经济快速发展。从 2015 年到 2019 年,"三新"经济增加值占 GDP 的比重由 14.8% 提高到 16.3%。虽然目前"三新"经济增加值的比重还比较低,但发展势头旺盛。另外,战略性新兴产业发展迅猛。我国确定的七大战略性新兴产业分别为节能环保、新一代信息技术、生物、新能源、新能源汽车、高端装备制造和新材料,节能环保、新一代信息技术、生物、高端装备制造产业将成为国民经济的四个支柱产业,新能源、新材料、新能源汽车为先导产业,增加值占国内生产总值比重达到 15%。四大支柱产业是我国产业结构转型和升级的重要力量。

循环经济发展势如破竹。循环经济是一种化解经济增长与环境保护、资源供给之间矛盾的新型发展模式,实际上它是绿色发展、低碳发展、循环发展发展方式的实现形式。循环经济是企业通过对资源的再利用、循环使用或深度加工,减少废弃物排放量,从而达到节约资源、提高资源利用效率的一种新的生产模式。循环经济的核心是资源的综合利用、物尽其用,生产过程中将不再产生所谓的"垃圾"和"废物",因此,循环经济是资源和环境友好的经济发展模式。循环经济最基本的原则就是减量化、再利用、资源化,其经济活动是一个"从摇篮到摇篮"的循环发展过程,所有的物质和能源能够在这个不间断的循环中得到最合理和最有效的利用,最终使经济增长与资源及环境消耗脱钩。

自 2005 年首个关于循环经济发展的规划——《国务院关于加快发展循

环经济的若干意见》出台以来，我国在顶层规划设计和实施方案方面，不断出台新的规划文件。2012年，国务院通过《"十二五"循环经济发展规划》，提出要构建循环型工业体系、循环型农业体系、循环型服务业体系，完善财税、金融、产业、投资、价格和收费政策，推进循环经济发展。该规划首次提出资源产出率提高15％的循环经济发展目标。同年，国家发改委和财政部要求，到2015年，500个国家级工业园区和3000个省级工业园区要完成向循环经济的转型，以实现接近零排放的目标。2013年，中国循环经济领域的第一个国家级专项规划——《循环经济发展战略及近期行动计划》，对发展循环经济作出全面规划部署。此后，一系列重要文件如《2015年循环经济推进计划》《循环发展引领计划》《"十四五"循环经济发展规划》等相继出台。经过多年的努力，中国的循环经济发展已经取得重要阶段性成果。比如，循环经济产业园已在全国范围内如火如荼地发展起来，广西、广东、安徽、天津、江苏、山东、河南等地都相继进行了循环经济产业园的规划和实施，并且已经取得了显著的成绩，形成了具有园区特色的产业类型和发展模式，实现了各类废旧产品的回收再利用。又比如，通过循环型生产方式，循环型产业体系初步建立，循环经济产业发展迅猛，我国四大循环经济产业（金属回收、农作物秸秆回收、建筑垃圾回收、废纸回收）现存企业达到44万家。中国特色循环经济发展模式基本形成。

我国在国家和地方层面普遍开展循环经济示范试点，在钢铁、电力、煤炭、建材、农业等重点行业以及再生资源回收体系、再制造等重点领域形成具有中国特色的循环经济发展模式。循环经济的发展,为中国的经济、生态和社会可持续发展指明了方向,更是中国生态文明建设的重要成就。中国循环经济的经验和成就,也为发展中国家提供了可供借鉴的样本。

能源结构发生重大变化。全面提升资源利用效率,实现资源节约,这是破解资源环境约束、促进经济发展方式转变的重要途径,也是体现"尊重自然、顺应自然、保护自然"、加快推进生态文明建设的必然选择。发展清洁能源,是改善能源结构、保障能源安全、改善环境质量、实现能源革命的内在要求,是生态文明建设的重要任务。2013年到2018年这6年,中国的GDP增加了39%,汽车保有量增加了83%,能源消费量增加了11%,但我们的PM 2.5平均浓度却下降了42%,空气中的二氧化硫平均浓度下降了68%,这个了不起的成就是我国努力进行能源结构调整带来的结果。

党的十八大以来,我国清洁能源持续扩容,清洁低碳、安全高效的能源体系正加快构建。一是能源结构朝多元化转变。2013年,我国煤炭消费占能源消费总量的比重是67.4%;到2017年,这一数字就已经下降到60.4%。考虑到经济增长的因素,截至2018年,我国煤炭消费比重下降8.1个百分点,清洁能源消费比重提高6.3个百分点,这是我们推动能源革命的重要成果。同时,能源发展动力正由传统能源增长向新能源增长转变,可再生能源发电大大提高,其中发展最快的是光伏发电。光伏发电就是利用太阳照射太阳能板发电,太阳能是人类取之不尽、用之不竭的可再生能源,具有清洁、安全、经济、充足等特点,在长期的能源战略中具有重要地位。2019年中国光伏发电累计装机容量达20430万千瓦,同比增长17.3%。此外,天然气也是重要的清洁能源。"十三五"期间,我国天然气产供储销体系建设稳步推进,储产量快速增长,"全国一张网"基本成型。2020年,全国天然气产量1925亿立方米,同比增长9.8%。清洁能源开发正从资源集中地区向负荷集中地区推进,集中与分散发展并举的格局正逐步形成。二是利用效率快速提升。实现能源革命,不仅是实现能源利用多元化,还包括实现各类能源利用效率的提升。以光伏为例,以前光伏发电存在的一个问题就是能源转换率比较低,浪费了很多太阳能。通过不断攻克一些技术难题,2018年我国常规单晶硅电池和多晶硅电池转换效率分别达到19.8%和18.6%,先进技术单晶电池和多晶电池转换效率分别达到21%和19.5%以上,技术水平和经济性全球领先。三是清洁能源利用新方式得到大规模推广。"十三五"以来,清洁能源利用新方式得到大规模推广。比如,绿色交通加速发展。我国新能源汽车成交量连续5年位居全球第一,累计推广量超过480万辆,占全球一半以上。2020年10月底,我国各类充电桩保有量达149.8万个,公共充电桩数量位居全球首位。四是合理反映资源稀缺程度、市场供求状况和环境治理成本的价格机制正在形成。健全的体制机制是能源领域长期健康发展的根本保障,目前我国能源体制机制改革面临重要机遇。近年来,我国积极稳妥地推进了水、电、油、气等重要资源性产品的价格改革,利用价格杠杆,引导资源合理配置。

(二)绿色生活方式更加深入人心

推动生态文明建设,转变经济发展方式是根本,但只有形成绿色生活方式,才能为生态文明建设提供持久的内生动力。党的十八大以来,绿色生活方式在我国日渐深入人心,尤其是人们的绿色消费意识不断增强,在促进产业结构调整、推进生态文明建设方面发挥了重要作用,有力地激发出全社会生态文明建设的内在动力。

中国要实现绿色发展,实现生产方式的绿色转型,从根本上讲,离不开绿色生活方式的培养。而在当代,绿色生活方式的重要方面是绿色消费。

早在 1963 年,国际消费者联盟组织就提出了"绿色消费"的理念,指出消费者应承担环境保护的义务。相比于西方国家,绿色消费在我国起步较晚,但发展迅速,十分具有潜力。

中国消费者协会认为绿色消费具有三层含义:首先,消费的产品,应该是没有被污染且有利于公众健康的绿色产品;其次,在消费过程中,尽量减少对环境的影响,做好废弃物的收集与处置工作;最后,在消费观念上,要逐渐形成简约适度的消费观念,在追求生活方便、舒适的同时,注重环保、节约资源和能源,力戒奢侈浪费,形成可持续发展观念,不仅要满足当代人的需要,还要满足子孙后代的消费需要。据统计,2005 年至 2010 年中国私人消费对

GDP 增长的贡献率为 32%，而 2010 年至 2015 年占比已达到 41%。在消费需求不断得到满足和提升的同时，浪费型消费、污染型消费和过度型消费等问题也日益凸显，这对中国的生态环境造成严重破坏。如果中国在消费领域不加快向节约、低碳和健康的方式转变，中国乃至世界的资源、环境和生态将面临巨大的压力和挑战。

在促进绿色消费的过程中，政府的积极引导和有效管理十分重要。政府在促进绿色消费的过程中扮演着双重角色——既是绿色消费的倡导者、推动者和监督者，也是绿色消费的实践者。中国政府近年来加快推动绿色消费的发展，尤其是从顶层设计推动绿色消费。中国"十二五"规划纲要提出，倡导文明、节约、绿色、低碳消费理念，推动形成与中国国情相适应的绿色生活方式和消费模式。2015 年，中国政府发布的《关于加快推动生活方式绿色化的实施意见》指出，必须加快推动生活方式绿色化，实现生活方式和消费模式向勤俭节约、绿色低碳、文明健康的方向转变，力戒奢侈浪费和不合理消费。党的十九大报告再次强调："倡导简约适度、绿色低碳的生活方式，反对奢侈浪费和不合理消费，开展创建节约型机关、绿色家庭、绿色学校、绿色社区和绿色出行等行动。"①

因此，从环境保护、经济可持续发展、国家社会福利支出减轻及中华民族

---

① 习近平：《决胜全面建成小康社会　夺取新时代中国特色社会主义伟大胜利——在中国共产党第十九次全国代表大会上的报告》，人民出版社 2017 年版，第 51 页。

可持续发展来看,我国有必要全面实施绿色消费。一是目前全社会消费正处于转型升级阶段,绿色消费是发展方向。事实证明,我国不是需求不足或没有需求,而是需求变了,供给的产品没有变,质量、服务跟不上,造成消费不足或消费外流,因此,我们必须实现由低水平供需平衡向高水平供需平衡跃升,绿色消费是未来的方向。二是人们有绿色消费的能力和意愿。有效的、足够的绿色消费需求是绿色产品市场形成的前提和基础。中国蕴藏着巨大的绿色消费潜能。随着环境污染的恶化和消费者理性消费意识的兴起,潜在的绿色消费需求开始形成,随着绿色消费时尚的形成,企业会根据市场信息的反馈,逐渐扩大生产,扩大经营规模,并逐步形成产供销体系。一旦这种经济活动达到了一定规模,绿色产品市场就初步形成了。三是绿色消费对调整产业结构具有重要作用。绿色消费将引起生产领域的彻底革命。为了满足消费者的绿色消费需要,企业必须开发新的绿色产品;为了创造一流的新产品,企业必须改变传统生产模式,实现清洁生产;为了赢得消费者的青睐,企业必须树立环保新形象。于是,绿色产业快速崛起。

三、推动我国深度参与全球生态文明建设

面对生态环境挑战,人类是一荣俱荣、一损俱损的命运共同体,没有哪个国家能独善其身。保护生态环境,应对气候变化,维护能源资源安全,是全球面临的共同挑战。新时代,我国积极推动生态文明建设国际合作,深度参与全球气候治理,已经成为全球生态文明建设进程中的重要贡献者和引领者,

在生态环境领域的国际影响力稳步提升,为全球生态环境治理贡献了中国智慧和中国方案,对全球生态治理体系的塑造和引领作用日益凸显。总体上看,我们主要通过绿色理念与公共产品并举、国内与国际融通的基本路径共谋全球生态文明建设,同筑人类发展与未来之基,协力构建清洁美丽的世界。

(一)人类社会是一个命运共同体

构建人类命运共同体,是习近平新时代中国特色社会主义外交思想的重大创新,也是中国为全球治理和人类发展贡献的中国方案与中国智慧,更是新时代生态环境治理的基础与关键内核。生态文明是中国向世界提供的一种新型的全球环境治理和绿色发展理念。几百年的工业化进程导致了对自然资源的过度利用及一系列严峻的生态环境问题,几百年来,这些生态环境问题不断累积,整个地球自然生态已不堪重负,人类正面临着严重的全球生态风险。地球是人类共同的、唯一的家园。人类实现永续发展,需要一个人与自然和谐共生的地球,一个清洁美丽的地球,一个开放包容的地球。面对全球性的危机和挑战,人类只有携手并进,真正尊重自然、顺应自然、保护自然,使经济发展与生态保护协调统一,才能实现经济社会可持续发展,共建繁荣、清洁、美丽的世界。

在严峻的全球性问题面前,人类是一个休戚与共的命运共同体。习近平以高屋建瓴的眼光,面对当今全球化的发展,面对百年未有之大变局,认为人类社会必须"牢固树立命运共同体意识"。"人类是一个命运共同体",这是我们对当今社会背景下国家与国家关系的科学认识。全球化深入发展使得不同国家之间相互依赖、相互依存,只有实现共同发展,才能实现整个人类的可持续发展,共同发展是持续发展的重要基础,符合各国人民的长远利益和根本利益。虽然今天人类仍然生活在不同的国家,具有不同的文化、肤色、宗教和社会制度,但从根本上讲,所有人的命运是连在一起的。我们党在十九大报告中提出"构建人类命运共同体",建设持久和平、普遍安全、共同繁荣、开放包容、清洁美丽的世界的目标,这是符合人类社会发展规律、符合时代发展要求、符合人类共同利益的。因此,构建人类命运共同体的倡议一经提出,就受到国际社会的欢迎,并被多次写入联合国文件,成为国际共识。尤其是在新冠肺炎疫情发生之后,中国在信息共享、医疗救治、物资援助、疫苗研发等方面展现了负责任的大国担当,这是构建人类命运共同体的实践举措,得到了国际社会的高度赞扬和认可。

"人类是一个命运共同体"不仅仅体现在经济社会发展等领域,而且更鲜明、更直接地体现在生态环境领域。生态环境具有整体性和关联性,任何强大的政治或军事力量都无法将其分割开。从生态环境这个角度讲,人类之间更是一个生命共同体。我们党始终坚持中国立场、世界眼光、人类胸怀,推动人类命运共同体建设。习近平明确指出:"我一直主张构建人类命运共同体,愿就应对气候变化同法德加强合作。"①习近平多次在重要国际场合及会议

---

① 习近平:《论坚持人与自然和谐共生》,中央文献出版社 2022 年版,第 255 页。

上，比如在第七十五届联合国大会一般性辩论上的讲话、在联合国生物多样性峰会上的讲话、在世界经济论坛"达沃斯议程"对话会上的特别致辞等，为国际社会应对气候变化、做好生物多样性保护、推动可持续发展等提供新理念、注入新动能。中国向全球发布《绿水青山就是金山银山：中国生态文明战略与行动》《共建地球生命共同体：中国在行动》等生态文明报告，为其他国家应对类似的环境与发展挑战提供了有益思考。同时，新冠肺炎疫情发生后，习近平着眼长远，把脉全球可持续发展，提出绿色复苏的气候治理新思路，为疫后世界经济回暖贡献中国智慧、中国方案。

（二）打造绿色发展的"一带一路"

人类是一个自然共同体，也是一个命运共同体，"一带一路"倡议是打造"人类命运共同体"的现实写照。共建"一带一路"，积极践行绿色发展理念，支持发展中国家能源绿色低碳发展，推动基础设施绿色低碳化建设和运营，加强在生态环境治理、生物多样性保护和应对气候变化等领域的合作。在共建"一带一路"框架下，一个个绿色项目不断从愿景变为行动和成果，为全球可持续发展提供了有力支持。将"绿色发展"融入沿线经济、文化和社会建设，是"一带一路"倡议的一大亮点。

"一带一路"倡议一开始就融入了"绿色发展"的要求。在我国积极推动生态文明建设和构建人类命运共同体的背景下，我国于 2015 年 3 月发布的《推动共建丝绸之路经济带和 21 世纪海上丝绸之路的愿景与行动》一开始就融入了生态文明建设的目标要求。习近平指出:"我们要着力深化环保合作,践行绿色发展理念,加大生态环境保护力度,携手打造'绿色丝绸之路'。"① "绿色丝绸之路"体现在:在投资贸易中突出生态文明理念,加强生态环境、生物多样性和应对气候变化合作;在基础设施建设中强化绿色低碳化建设和运营管理,充分考虑气候变化影响;在能源开发领域推动水电、核电、风电、太阳能等清洁、可再生能源合作;在产业合作领域加强技术、生物、新能源、新材料等新兴产业领域的深入合作;在促进沿线国家的建设中严格保护生物多样性和生态环境;在民间交流中要加强与沿线国家民间组织的交流合作,广泛开展生物多样性保护等各类公益慈善活动。几年来,上述原则在"一带一路"建设过程中得到了有力的贯彻落实,"绿色"真正成为"一带一路"的底色。

一是传播生态文明理念,弘扬人与自然和谐共生的生态价值观。西汉开始建立的"丝绸之路"自古便是东西方经济贸易、文化交流的通道,"一带一路"在继承对外交流、睦邻友好的传统价值观,践行相互尊重、合作共赢的义利观的同时,在当代更注重生态文明理念的传播,倡导人与自然和谐共生。中国与沿线国家不但在地理上紧密相连,更在历史文化上有深厚的渊源,都面临着进一步加快发展的重大现实需求。只有大家都重视共同发展的基础,即资源环境问题,才能实现共同发展。习近平指出:"我们期待同各方一道,完善合作理念,着力高质量共建'一带一路'……要本着开放、绿色、廉洁理

---

① 习近平:《论坚持人与自然和谐共生》,中央文献出版社 2022 年版,第 118 页。

念,追求高标准、惠民生、可持续目标。要把支持联合国二〇三〇年可持续发展议程融入共建'一带一路',对接国际上普遍认可的规则、标准和最佳实践,统筹推进经济增长、社会发展、环境保护,让各国都从中受益,实现共同发展。"①我国通过"一带一路"向沿线国家传播生态文明理念,有助于促进各国对生态环境问题和可持续发展的重视,在相互合作中达成生态环保共识,让"一带一路"发展保持高起点,跟上国际发展的潮流,实现有质量的发展。

二是推行绿色发展,缓解经济发展与生态环境保护的双重压力。以经济合作促进经济发展是"一带一路"的重要内容。但国际经济合作不是各种低端过时产业的聚集,而应该瞄准国际发展潮流,大力发展有前途、有未来的产业,以提高本国、本地区的产业发展水平。因此,从生态这个因素考量,国际产能合作要有基本的绿色门槛,通过推行生态经济来确保发展与保护的协调性。我们与沿线国家的产能合作,都以"低能耗、低污染、高效率"为特征,带动其他国家实现绿色发展。比如,我们明确提出"中方将支持非洲增强绿色、低碳、可持续发展能力,支持非洲实施一百个清洁能源和野生动植物保护项目、环境友好型农业项目和智慧型城市建设项目。中非合作绝不以牺牲非洲生态环境和长远利益为代价"。② 又比如,我们鼓励国内绿色产能走出去,带动沿线国家建立绿色生产方式,提出"我们将建设更紧密的绿色发展伙伴关

---

① 习近平:《论坚持人与自然和谐共生》,中央文献出版社 2022 年版,第 123 页。
② 习近平:《论坚持人与自然和谐共生》,中央文献出版社 2022 年版,第 118 页。

系。加强绿色基建、绿色能源、绿色金融等领域合作,完善'一带一路'绿色发展国际联盟、'一带一路'绿色投资原则等多边合作平台,让绿色切实成为共建'一带一路'的底色"①。由上海电气集团总承包的迪拜700兆瓦光热和250兆瓦光伏太阳能电站位于迪拜市区以南约65千米处的沙漠腹地,项目完全投产后,将让32万户家庭用上清洁电力,每年可减少160万吨碳排放。长期面临电力匮乏困境的巴基斯坦在共建"一带一路"框架下,萨察尔等一批风电项目的成功,为巴基斯坦开发了新的电力资源。同时,我国还依托丝路基金和亚投行实行绿色信贷,为环保技术研发、新能源开发利用、新兴产业培育、绿色化公共产品和服务建设提供金融支持。

三是加强生态环境治理,确保资源能源安全和生态系统稳定。我国与沿线国家大规模的工业企业和重大项目合作,不可避免地对当地的生态环境产生影响。"丝绸之路经济带"沿线国家多为大陆性气候和高山气候,气候干燥、降水量少,地形多为高原和沙漠,人口压力大,生态环境较为脆弱;"21世纪海上丝绸之路"途经多个航运枢纽和能源运输通道,面临着海洋生态威胁。在与这些国家合作的过程中,我国高度重视经济合作对环境造成的影响,及时预防和化解环境风险。比如,中国路桥工程有限责任公司承建黑山南北高速公路,这条高速公路穿过塔拉河峡谷及黑山主要河流莫拉查河,前者属于联合国教科文组织"人与生物圈计划"所涵盖保护区,这对项目施工提出了极

---

① 习近平:《论坚持人与自然和谐共生》,中央文献出版社2022年版,第123—124页。

高的环保要求。我们的建设者一开始就致力于将这条黑山经济"大动脉"打造为一条生态环保之路。为了避免雨水对施工的沥青路面的冲刷以及货运车辆可能泄漏的化工制品对路面径流水的污染,中国企业在高速公路设计阶段,便按照要求采用了封闭式排水系统的环保型排水设计理念,把被污染的路面水与未被污染的地表水隔离开,统一收集处理达标后再排放。一系列科学举措保护了黑山南北高速公路沿线的生态环境,体现了中国在对外合作中加强环境治理的先进理念和技术。因此,"一带一路"沿线国家可借鉴中国的环保经验,加强节能减排技术、环境治污技术、资源开发利用技术的共同研发和交流,减轻经济活动对生态环境的破坏。

(三)引导应对气候变化国际合作,维护全球生态安全

气候变化是当今最受关注的全球性环境问题,给整个人类的生存发展带来了严重威胁。维护全球生态安全,应对气候变化,需要国际社会携手共建全球气候治理机制,化解矛盾,共同推动全球可持续发展。目前,国际社会现有气候治理机制还不足以应对气候变化的严重威胁。中国作为社会主义大国,为世界谋大同、为人类谋福利是我们重要的价值追求。随着新时代中国生态文明建设的深入展开,我国积累了生态文明建设的丰富经验,在全球气候治理中起着举足轻重的作用,充分展现了大国担当。

气候变化国际合作一波三折,这是因为气候变化问题十分复杂,既关系到人类社会生存与发展的长远利益,也事关各国的生态环境利益、经济利益和政治利益等现实利益,还关涉一个国家的国际形象和国际道义。不同国家出于不同的利益考虑,对全球气候变化的立场态度不同,他们的国际国内政策也不断调整变化,这给气候变化国际合作增加了很多变数。首先,应对气候变化涉及全球道义。积极应对全球性问题,本身就站在了国际道义的制高点。当今任何一个国家,无论经济实力多么强大,其国际行为必须符合国际道义,只有这样,才可能得到国际社会的认可和支持。气候变化问题的核心是全球变暖,全球变暖是因为人类在发展过程中释放了太多的二氧化碳,其影响是广泛而重大的,它对社会经济系统、人类健康产生了不利影响。由于其带来的不利影响具有复杂性、不可逆的特征,所以在这个问题上人们不能犯错误,拖不得,也拖不起,需要国际社会立即行动起来。因此,积极承担气候变化治理责任,本身就站在了国际道义的制高点。其次,气候变化谈判是争夺发展空间的国际政治博弈。经济发展必然带来碳排放,而减排要求资金和技术等的支持,这无疑会增加发展成本,尤其对于尚未实现工业化的发展中国家来说,发展任务艰巨,但又面临减排的国际约束。因此,各国对碳排放空间的争夺意味着对发展空间的争夺。但人类社会的持续发展仅仅靠各国之间的利益博弈是不行的,一些全球性问题涉及全人类的利益,它的解决还需要国际社会携手合作,一些时候需要一些国家暂时放弃自己一部分的利益。再次,应对气候变化为各国提供了发展机遇。全球气候治理的紧迫性要求决不能重蹈先污染后治理的覆辙,碳税、碳排放交易权等碳排放控制手段增加了生产成本,从而影响一国企业的竞争力,在国际竞争中,谁能掌握减碳清洁技术,谁能采用绿色循环低碳的经济形式,意味着谁将占据世界经济制高点。执行减排的过程有利于倒逼粗放型发展模式向可持续发展模式转型,依靠技术创新开发新经济增长点、开辟新市场,实现经济和环境的双赢。

习近平强调,气候变化是全球性挑战,任何一国都无法置身事外。全球气候治理是国际社会必须的也是必然的一致行动。温室气体排放是造成气候变暖的主要原因,应对气候变化的核心措施是减少二氧化碳的排放。尽管国际社会对减排有共识,但是减排从短期来看对一国的企业发展是不友好的。人人都想别人减排,自己受益,自己"搭便车",如果所有国家都这样做,那必然会造成减排领域的"公地悲剧"。为避免所有国家都为了自身利益不减排或部分国家减排而另一部分国家袖手旁观,国际社会必须建立全球治理机制来保证减排任务的执行,共同应对气候变化风险。

正是基于此,几十年来国际社会围绕气候变化全球治理取得了一些重大成果,为全球气候治理国际合作提供了时间表和路线图。比如《京都议定书》《巴黎协定》等。虽然美国前总统特朗普宣布退出《巴黎协定》的决定给全球共同应对气候变化造成了一定障碍,但共同应对气候变化仍然是全球的广泛共识和强烈的政治意愿。对此,中国政府表示,无论别的国家的气候政策如何变化,中国作为一个负责任大国,应对气候变化的决心、目标和政策行动不会改变,中方愿与有关各方共同努力,共同维护应对全球气候变化的《巴黎协定》的成果。中国将应对气候变化作为应尽的国际义务，在气候变化谈判和气候治理行动中展现出诚意、决心和中国智慧。中国的生态文明建设和绿色转型之路为全球气候治理提供了中国经验，实现了国家发展利益与全人类利益的统一，在国际舞台作出了为世人称道的贡献，具体表现在以下几个方面。

贡献中国智慧，促进包容发展。气候变化需要各个国家的共同努力，气候变化的原因既有历史的也有现实的，气候变化影响每一个国家，各国应该坚持正确义利观，寻求各方利益的"最大公约数"，促成气候治理国际合作。气候变化国际合作面临的挑战，根本上是由于缺乏从人类命运共同体的角度审视并加强国际合作的价值观引领。在气候谈判中，存在欧盟、小岛国联盟、七十七国集团等各个集团之间的不同利益之争，在缺乏权威谈判力量主导的情况下，寻求利益"最大公约数"比较困难。习近平站在人类社会发展高度，提出构建人类命运共同体理念，主张坚持协商对话、共建共享、合作共赢、交流互鉴、绿色低碳，建设一个持久和平、普遍安全、共同繁荣、开放包容、清洁美丽的世界，反映了世界各国的共同价值追求。我们要在倡导"包容互鉴、共同发展"的全球治理理念基础上，树立合作共赢的全球气候治理观，"应对气候变化是全人类的共同事业，不应该成为地缘政治的筹码、攻击他国的靶子、贸易壁垒的借口"。① 我国一直强调气候治理不是零和博弈，发达国家应主动承担减排义务，发展中国家也要避免走工业文明高碳发展的老路。同时，

① 习近平：《论坚持人与自然和谐共生》，中央文献出版社 2022 年版，第 255 页。

我们倡导"各尽所能、合作共赢""奉行法治、公平正义",根据各自的责任和发展状况,寻找最适合本国国情的应对之策。中国在气候变化方面不但贡献了理念智慧,而且贡献了实践方案。比如,为落实减缓气候变化目标,2021 年 7 月 16 日,我国碳排放权交易在前几年试点的基础上,正式推出碳排放权市场上线交易,这是我国利用市场机制控制和减少温室气体排放、推进绿色低碳发展的一项重大制度创新,也是推动实现碳达峰目标与碳中和愿景的重要政策工具。中国的碳市场建设为全球的碳市场建设,特别是发展中国家的碳市场建设提供了中国智慧和中国方案。

表明中国态度,履行减排承诺。在气候变化谈判中各方应当展现诚意、坚定信心、齐心协力。中国一直本着负责任的态度积极应对气候变化,承担同自身国情、发展阶段、实际能力相符的国际责任。尤其是近年来,我国在减缓气候变化方面力度大,行动坚决有力,坚决在经济社会发展过程中落实我国提出的 2030 年前实现碳达峰、2060 年前实现碳中和的目标。2021 年 3 月召开的中央财经委员会第九次会议强调,实现碳达峰、碳中和是一场广泛而深刻的经济社会系统性变革,要把碳达峰、碳中和纳入生态文明建设整体布局。"中国已经制定《二〇三〇年前碳达峰行动方案》,加速构建'1＋N'政策体系。'1'是中国实现碳达峰、碳中和的指导思想和顶层设计,'N'是重点领域和行业实施方案,包括能源绿色转型行动、工业领域碳达峰行动、交通运输绿色低碳行动、循环经济降碳行动等。"①从碳达峰到碳中和,中国设定的过渡期是 30 年,而大多数发达国家从碳达峰到碳中和的过渡期约为 60 年,这凸显了我国低碳行动的力度之大。中国接连作出郑重承诺,并采取坚决措施落实承诺,彰显了积极应对气候变化、走绿色低碳发展道路的雄心和决心,展现了中国重信守诺负责任的大国形象,极大提振了全球气候治理的信心。

落实中国举措,帮助发展中国家减排。习近平指出:"发达国家和发展中国家对造成气候变化的历史责任不同,发展需求和能力也存在差异……发达国家在应对气候变化方面多作表率,符合《联合国气候变化框架公约》所确立的共同但有区别的责任、公平、各自能力等重要原则,也是广大发展中国家的共同心愿。"②坚持共同但有区别的责任,始终是中国推动全球气候治理的立足点,"国际社会应该携手同行,共谋全球生态文明建设之路……在这方面,中国责无旁贷,将继续作出自己的贡献。同时,我们敦促发达国家承担历史性责任,兑现减排承诺,并帮助发展中国家减缓和适应气候变化"。③ 在中国还是一个发展中国家、自身发展任务非常繁重的情况下,中国就积极为气候变化的应对搭建平台、贡献智慧和力量,增加投资,充分体现了中国积极负责任的大国担当。中国设立南南合作援助基金,不断增加对最不发达国家的投资,免除对有关最不发达国家、内陆发展中国家、小岛屿发展中国家截至 2015

---

① 习近平:《论坚持人与自然和谐共生》,中央文献出版社 2022 年版,第 257—258 页。
② 习近平:《论坚持人与自然和谐共生》,中央文献出版社 2022 年版,第 99 页。
③ 习近平:《论坚持人与自然和谐共生》,中央文献出版社 2022 年版,第 92—93 页。

年年底到期未还的政府间无息贷款债务,积极帮助这些国家发展。另外,我们还设立国际发展知识中心,探讨构建全球能源互联网,推动以清洁和绿色方式满足全球电力需求。截至 2020 年 10 月底,中国已与 34 个发展中国家签署了 37 份应对气候变化南南合作谅解备忘录,在华举办 45 期应对气候变化南南合作培训班,培训了约 120 个发展中国家的 2000 余名官员和技术人员。2021 年在《生物多样性公约》第十五次缔约方大会领导人峰会上的讲话中,习近平再次宣布:"中国将率先出资十五亿元人民币,成立昆明生物多样性基金,支持发展中国家生物多样性保护事业。中方呼吁并欢迎各方为基金出资。"①

展现中国担当,积极搭建国际合作平台。应对气候变化需要动员各方力量,协调不同利益方共同参与,中国在国际气候大会上展开斡旋,促进协议生成,反映发展中国家的利益诉求,帮助发展中国家平衡减排和发展之间的压力。同时,我国充分利用国际交流合作机会,充分动员各方力量,搭建新平台、形成新机制。比如,以天津 APEC(亚太经合组织)绿色发展高层圆桌会议为平台,我们发起实施全球绿色供应链、价值链合作倡议,带动产业升级、发展方式向绿色化转型,为全球绿色产业体系的构建提供了思路。在第二届中美气候智慧型/低碳城市峰会上,中美省州、城市及研究机构和企业的代表们围绕碳市场等 17 个主题展开了深入交流和探讨,在低碳城市政策研究和

① 习近平:《论坚持人与自然和谐共生》,中央文献出版社 2022 年版,第 293 页。

能力建设、低碳技术创新应用等领域签署合作协议。习近平在第三届中美省州长论坛上提出:"我们这些年每年环保投入近 2000 亿美元,各地环保投入都在快速增长。这方面中国有需要、有市场,美国有技术、有经验……两国地方环保领域交流合作理应成为中美合力应对气候变化、推进可持续发展的一个重要方面。"①这体现了我国在环境保护领域积极务实的态度,鼓励各层级的合作,推动两国积极落实减排行动。

---

① 中共中央文献研究室:《习近平关于社会主义生态文明建设论述摘编》,中央文献出版社 2017 年版,第 129 页。

结　语

　　党的二十大报告明确指出,"人与自然和谐共生的现代化"是"中国式现代化"的重要内涵,"促进人与自然和谐共生"是以"中国式现代化全面推进中华民族伟大复兴"的本质要求。建设现代化强国新征程上,我们必须继续大力推进生态文明建设,建设人与自然和谐共生的现代化。建设人与自然和谐共生的现代化是时代的呼唤,是一场全方位的变革,是人类现代化进程中的一个重要阶段,也是人类文明发展转型的重要标志和推动力量。新时代,我国大力推进生态文明建设,有效应对了现代化强国进程中出现的生态环境问题,使中国走出了一条崭新的现代化道路,进一步增强了中国现代化道路的生机和活力,开创了人类文明发展的新境界。正如习近平在庆祝中国共产党成立 100 周年大会上指出的:"我们坚持和发展中国特色社会主义,推动物质文明、政治文明、精神文明、社会文明、生态文明协调发展,创造了中国式现代化新道路,创造了人类文明新形态。"党的十九届六中全会也明确指出:"党领导人民成功走出中国式现代化道路,创造了人类文明新形态,拓展了发展中国家走向现代化的途径,给世界上那些既希望加快发展又希望保持自身独立性的国家和民族提供了全新选择。"新时代中国式现代化道路所焕发出来的旺盛生命力和彰显出来的对中国和人类文明发展的重大影响,与我们大力推进生态文明建设存在内在的逻辑关系。

一、美丽中国建设为中国式现代化道路提供目标指引

到 2050 年建成现代化强国是我们党和国家的第二个百年奋斗目标,这是一个非常宏伟的目标,实现这个目标,必将面临更多、更大的新问题和新挑战。而且,什么样的现代化国家才算是"强国"? 这必须用动态的、发展的观点来衡量,既要考虑到国家的性质、社会的主要矛盾、人民的需求,也要考虑到时代发展潮流和国际形势。因此,现代化强国的建设需要更宽广的视野、更宏大的战略、更严酷的斗争,是经济模式、生产方式乃至文明形态的根本转变和飞跃。实现这样宏大的历史转变,必须具备高超的战略思维能力,高瞻远瞩,做好战略谋划。只有瞄准目标,才能更好地带动战略规划的实施。结合当今世界的绿色发展潮流和我国的生态环境实际,良好的生态环境一定是现代化强国的一个重要指标。因为社会的现代化水平越高,人民对社会的整体性要求就越高,现代化就越成为一个包括经济、政治、文化、社会、生态等各方面现代化的综合性概念。党的十八大提出建设社会主义生态文明,党的十九大报告对未来 30 年中国的现代化发展作了高屋建瓴的规划。党的二十大报告指出,尊重自然、顺应自然、保护自然,是全面建设社会主义现代化国家的内在要求。必须牢固树立和践行"绿水青山就是金山银山"的理念,站在

人与自然和谐共生的高度谋划发展。可见,在中国式现代化道路和现代化目标方面,推进人与自然和谐、建设美丽中国是其中十分重要的目标。没有绿色底色,没有美丽中国,就不可能称之为现代化强国。

衡量一个国家现代化水平的指标是多方面的,除了经济、政治、文化、社会等方面的指标之外,生态环境是一个非常重要的指标。经过改革开放40多年的发展,我国在物质文明、精神文明、政治文明和社会文明等方面取得了巨大的成就,尤其是物质文明建设方面成就斐然。但与此同时,传统的粗放型发展模式也带来了诸多弊端,如自然资源面临枯竭、生态环境被严重破坏、人与自然的和谐度下降等。生态环境成为国家发展的短板,成为人民生活的关注点。优质生态产品仍然总体短缺,人们迫切需要清新空气、青山绿水。建设美丽中国,走向生态文明新时代,是实现中华民族伟大复兴的中国梦的重要内容。美丽中国建设作为我国全面建设社会主义现代化国家的阶段性目标,其意义不仅在于根本扭转生态环境保护滞后于经济社会发展的局面以及成功构建经济、社会、环境协调发展的全新格局,更承担着为建成社会主义现代化强国夯实基础的重要任务。只有建设生态文明,才能为中国梦的实现奠定坚实的生态基础,才能为中华民族的永续发展提供不竭动力,才能使中国式现代化道路越走越宽阔,越走越顺畅。

二、人与自然和谐共生明确中国式现代化道路的价值导向

人类现代化的发展过程,既涉及人与人的关系,也涉及人与自然的关系。

处理这两对关系,是人类现代化进程中必须面对的问题。因此,现代化不仅仅是推动以科学技术为代表的生产力发展的问题,实际上也是一个价值选择的问题。其主要体现为如何处理人与自然的关系——它既包括我们人类作为一个整体如何对待自然;也包括在特定的社会发展阶段,我们如何处理经济发展与生态环境保护的关系。在这个问题上的不同选择,形成了西方现代化道路和中国式现代化道路两条不同的发展道路。西方现代化过程遵循着投入越多、产出越多的发展逻辑,借助先进的科学技术,大量向自然索取,带来生态破坏、资源枯竭、环境污染等严重问题,打破了地球生态系统原有的平衡。一些西方国家曾发生多起环境公害事件,造成巨大灾难,严重威胁人们的生命安全,引发人们对西方现代化发展道路的深刻反思。这说明,以牺牲生态环境为代价去换取经济一时的发展,这样的发展道路不但会遭受自然的报复,而且是难以持续的。中国在现代化发展过程中越来越深刻地认识到生态环境在人类发展过程中的重要地位,认识到真正的发展必须建立在尊重自然、保护自然、顺应自然的基础上。生态兴则文明兴,生态衰则文明衰,生态环境是人类生存和发展的根基,把生态环境破坏了,就等于破坏了人类的安身立命之所。所以,中国式现代化道路坚决抛弃轻视自然、支配自然、破坏自然的现代化模式,绝不走西方现代化的老路。习近平指出:"我们的发展是为了什么?为了让人民过得更好一些。但是,如果付出了高昂的生态环境代价,把最基本的生存需要都给破坏了,最后还要用获得的财富来修复和获取最基本的生存环境,这就是得不偿失的逻辑怪圈。"所以,我们要建设的现代化是人与自然和谐共生的现代化,我们坚决贯彻"绿水青山就是金山银山"的新发展观,统筹推进"五位一体"总体布局,把生态文明建设的目标、原则、要求融入经济建设、政治建设、文化建设、社会建设各方面和全过程,坚定不移走生态优先、绿色发展之路,建设人与自然和谐共生的现代化。

三、绿色发展创新中国式现代化道路的实践路径

无论是西方现代化还是中国式现代化,发展生产力、实现经济现代化都是首要的也是最根本的任务。增进人民福祉、促进人的全面发展,社会主义现代化就是不断实现这些发展目标的过程。"发展是解决我国一切问题的基础和关键",生态环境问题的最终解决还须依靠发展,但发展必须是绿色发展、可持续发展。党的二十大报告强调指出,我们要加快发展方式绿色转型,实施全面节约战略,发展绿色低碳产业,倡导绿色消费,推动形成绿色低碳的生产方式和生活方式。可见,绿色发展是建设美丽中国的必由之路,是发展理念和方式的根本转变,涉及经济、政治、文化、社会建设的方方面面,并与生产力布局、空间格局、产业结构、生产方式、生活方式以及价值理念、制度体制紧密相关,是一场全方位、系统性的绿色变革。

西方在实现现代化过程中很少关注资源减少与枯竭、环境破坏与污染,其经济发展恰恰是以大量消耗资源、严重破坏和污染环境为代价的。新时代,我国走的是一条经济发展和节约资源、保护环境并重的新的发展道路,既

要创造更多物质财富和精神财富以满足人民日益增长的美好生活需要，也要提供更多优质生态产品和生态服务，满足人民日益增长的优美生态环境需要。我们把绿色发展作为实现高质量发展的内在要求和重要标志，转变传统的经济增长模式和发展方式，实现经济结构转型升级。今后一个时期，我国工业化、城镇化的任务依然繁重，经济发展与资源环境承载力不足的矛盾仍然突出，转方式、调结构的任务更加紧迫。通过转变发展方式，调整产业结构，大力淘汰污染落后产能，大力发展新兴产业，可以进一步节约能源资源，减少环境污染，逐步实现经济增长与能源资源消耗脱钩。通过大力发展生态农业，优化农业产业布局，加快农业现代化，充分利用山水人文资源，做大做强旅游产业等，逐渐降低资源消耗，减少不可再生资源的利用，降低环境污染，最终达到资源无损耗、垃圾零排放、环境无污染的发展水平。总而言之，生态文明建设能够推进发展转型和路径转变，使中国式现代化道路成为一条可持续的发展道路，成为一条充满旺盛生命力的道路。

参考资料

一、著作

[德]卡尔·马克思,[德]弗里德里希·恩格斯. 马克思恩格斯文集[M]. 中共中央马克思恩格斯列宁斯大林著作编译局,编译. 北京:人民出版社,2009.

[德]卡尔·马克思,[德]弗里德里希·恩格斯. 马克思恩格斯选集[M]. 中共中央马克思恩格斯列宁斯大林著作编译局,编译. 北京:人民出版社,2012.

毛泽东.毛泽东选集[M].北京:人民出版社,1991.

邓小平.邓小平文选[M].北京:人民出版社,1993.

江泽民.江泽民文选[M].北京:人民出版社,2006.

胡锦涛.胡锦涛文选[M].北京:人民出版社,2016.

习近平.之江新语[M].杭州:浙江人民出版社,2007.

习近平.习近平谈治国理政(第1卷)[M].北京:外文出版社,2018.

习近平.习近平谈治国理政(第3卷)[M].北京:外文出版社,2020.

习近平.论坚持人与自然和谐共生[M].北京:中央文献出版社,2022.

郇庆治.环境政治学:理论与实践[M].济南:山东大学出版社,2007.

中共中央文献研究室.十六大以来重要文献选编(下)[M].北京:中央文献出版社,2008.

郇庆治.重建现代文明的根基:生态社会主义研究[M].北京:北京大学出版社,2010.

叶文虎.中国学者论环境与可持续发展[M].重庆:重庆出版社,2011.

方世南.美丽中国生态梦:一个学者的生态情怀[M].上海:上海三联书店,2014.

方世南.马克思环境思想与环境友好型社会研究[M].上海:上海三联书店,2014.

中共中央宣传部.习近平总书记系列重要讲话读本[M].北京:学习出版社、人民出版社,2014.

中共中央文献研究室.习近平关于全面深化改革论述摘编[M].北京:中央文献出版社,2014.

中共中央文献研究室.十八大以来重要文献选编(上)[M].北京:中央文献出版社,2014.

黄治东,徐习军.美丽中国语境下的生态责任教育[M].长春:吉林人民出版社,2015.

秦书生.社会主义生态文明建设研究[M].沈阳:东北大学出版社,2015.

赵成,于萍.马克思主义与生态文明建设研究[M].北京:中国社会科学出版社,2016.

中共中央宣传部.习近平总书记系列重要讲话读本(2016年版)[M].北京:学习出版社、人民出版社,2016.

中共中央文献研究室.习近平关于全面建成小康社会论述摘编[M].北京:中央文献出版社,2016.

中共中央文献研究室.十八大以来重要文献选编(中)[M].北京:中央文献出版社,2016.

方世南.马克思恩格斯的生态文明思想——基于《马克思恩格斯文集》的研究[M].北京:人民出版社,2017.

中共中央文献研究室.习近平关于社会主义生态文明建设论述摘编[M].北京:中央文献出版社,2017.

黄承梁.新时代生态文明建设思想概论[M].北京:人民出版社,2018.

任铃,张云飞.改革开放40年的中国生态文明建设[M].北京:中共党史出版社,2018.

王丽萍.中国特色社会主义生态文明建设理论与实践研究[M].北京:九州出版社,2018.

张云飞.辉煌40年:中国改革开放成就丛书·生态文明建设卷[M].合肥:安徽教育出版社,2018.

中共中央党史和文献研究院.十八大以来重要文献选编(下)[M].北京:中央文献出版社,2018.

潘家华.生态文明建设的理论构建与实践探索[M].北京:中国社会科学出版社,2019.

新华社总编室.治国理政新实践:习近平总书记重要活动通讯选[M].北京:新华出版社,2019.

中共中央宣传部.习近平新时代中国特色社会主义思想学习纲要[M].北京:学习出版社、人民出版社,2019.

宫长瑞.新时代生态文明建设理论与实践研究[M].北京:人民出版社,2021.

二、论文

习近平.推动我国生态文明建设迈上新台阶[J].求是,2019(3).

潘岳.论社会主义生态文明[J].绿叶,2006(10).

郇庆治,[德]马丁·耶内克.生态现代化理论:回顾与展望[J].马克思主义与现实,2010(1).

庄贵阳.生态文明制度体系建设需在重点领域寻求突破[J].浙江经济,2014(14).

黄承梁.社会主义生态文明从思潮到社会形态的历史演进[J].贵州社会科学,2015(8).

黄承梁.以"四个全面"为指引 走向生态文明新时代——深入学习贯彻习近平总书记关于生态文明建设的重要论述[J].求是,2015(16).

娄伟,潘家华."生态红线"与"生态底线"概念辨析[J].人民论坛,2015(36).

周宏春.绿色化是我国现代化的重要组成部分[J].中国环境管理,2015(3).

李德栓.论习近平同志认识人与自然关系的两个维度[J].毛泽东思想研究,2016(2).

刘振民.全球气候治理中的中国贡献[J].求是,2016(7).

潘家华.碳排放交易体系的构建、挑战与市场拓展[J].中国人口·资源与环境,2016(8).

王苒,赵忠秀."绿色化"打造中国生态竞争力[J].生态经济,2016(2).

庄贵阳,周伟铎.全球气候治理模式转变及中国的贡献[J].当代世界,2016(1).

庄贵阳.经济新常态下的应对气候变化与生态文明建设——中国社会科学院庄贵阳研究员访谈录[J].阅江学刊,2016(1).

黄承梁.论生态文明融入经济建设的战略考量与路径选择[J].自然辩证法研究,2017(1).

黄承梁.系统把握生态文明建设若干科学论断——学习习近平同志关于生态文明建设重要论述的哲学思考[J].东岳论丛,2017(9).

荣开明.努力走向社会主义生态文明新时代——略论习近平推进生态文明建设的新论述[J].学习论坛,2017(1).

董亮.习近平生态文明思想中的全球环境治理观[J].教学与研究,2018(12).

黄承梁.习近平新时代生态文明建设思想的核心价值[J].行政管理改革,2018(2).

黄承梁.走进社会主义生态文明新时代[J].红旗文稿,2018(3).

丁威.习近平生态文明思想六大原则的深刻意蕴与时代价值[J].理论视野,2019(2).

陈学明.习近平生态文明思想对马克思主义基本理论的继承和发展[J].探索,2019(4).

方世南.习近平生态文明思想的永续发展观研究[J].马克思主义与现实,2019(2).

方世南.论习近平生态文明思想对马克思主义生态文明理论的继承和发展[J].南京工业大学学报(社会科学版),2019(3).

方世南.习近平生态文明思想中的生态扶贫观研究[J].学习论坛,2019(10).

方世南.习近平生态文明思想对马克思主义规律论的继承和发展[J].理论视野,2019(11).

刘燕."生命共同体":习近平生态文明思想的理论格局[J].中共福建省委党校学报,2019(1).

刘希刚,孙芬.论习近平生态文明思想创新[J].江苏社会科学,2019(3).

沈广明,钟明华.习近平生态文明思想的政治经济学解读[J].马克思主义研究,2019(8).

杨煌.走向社会主义生态文明新时代的根本指针——深入学习习近平生态文明思想[J].世界社会主义研究,2019(3).

郇庆治.习近平生态文明思想中的传统文化元素[J].福建师范大学学报

（哲学社会科学版），2019(6).

郇庆治.环境人文社科视野下的习近平生态文明思想研究[J].环境与可持续发展，2019(6).

郇庆治.2019年生态主义思潮：从中国参与到中国引领[J].人民论坛，2019(35).

张波.习近平生态文明思想的科学内涵与生动实践[J].邓小平研究，2019(3).

方世南.习近平生态文明思想的鲜明政治指向[J].理论探索，2020(1).